専門基礎ライブラリー

実例で学ぶ機械設計製図

豊橋技術科学大学・高等専門学校教育連携プロジェクト

実教出版

まえがき

　本書は，豊橋技術科学大学（技科大）と高等専門学校（高専）との間で実施された技科大・高専連携教育研究プロジェクトの結実により編修されたものである。

　高専と技科大は，実践的かつ創造的な技術者の養成機関として，特にものづくりに興味，才能のある学生が学んでいる特色ある教育機関である。本プロジェクトでは，両教育機関の特色を生かし，機械工学分野における**機械設計**と**機械製図**の教育をより充実したものになるよう検討を行った。まず，高専と技科大で実施されている機械設計と製図の講義内容を出し合い，効果的な教育が行え，高専と技科大の発展的な教育が行えるかについて討議し，理想的なカリキュラムを検討した。そして，そのカリキュラムに基づき本書を執筆した。

　機械設計とその製図には，**幅広い知識と知恵**，そして**多くの経験**が必要である。本書は2分冊からなり，高専と技科大の教育に留まらず，基礎物理学，工業力学などを履修した幅広い**機械工学分野**の初学者（学生）が，機械要素設計，製図の基本を平易に学べるように，まず，「**機械設計**」においては，機械設計に必要な理論と規格について編修してある。その上で「**実例で学ぶ機械設計製図**」では，「**機械設計**」で記述した理論または規格を基に，「**機械設計**」の式または規格を引用しながら基本的な機械要素の設計例題を通して，機械要素設計の基本を学べるように編修してある。

　「**機械設計**」では，1章で機械設計の基本的な考え方，2章で機械に用いられる材料と加工方法について説明し，3章と4章において，機械に働く力と運動，材料強度について自学できるように記述している。そして，5章以降では，機械を構成する機械要素について学べるようにしてある。5章では，機械で多く用いられるねじについて説明し，6章では締結用機械要素，7章では軸・軸継手，8章では軸受，密封装置について紹介する。次に，9章では歯車伝動装置，10章では巻掛伝動装置，11章では制動装置について説明する。そして，12章ではカム・リンク，13章ではばねについて説明し，14章では機械を駆動するアクチュエータについて説明する。最後に15章においてコンピュータを用いたディジタルエンジニアリングツールについて紹介する。

　「**実例で学ぶ機械設計製図**」では，代表的な機械要素を題材に，1章で「ねじ」を用いた「豆ジャッキ」と「パンタグラフ形ねじ式ジャッキ」の簡単な設計例を紹介し，2章では「歯車」を用いた「歯車減速装置」の設計例を紹介する。また，3章では「歯車減速装置」の応用例である手巻きウインチの設計例を，4章では汎用的な流体機械である「渦巻ポンプ」の設計例を紹介し，機械工学に必要な機械要素の設計・製図の基本を

学ぶことができるように編修してある。

　本書は，機械設計の理論や規格，そして機械製図の基本を例題や設計例を通して効果的に自学自習でき，必要な知識と知恵が身につくように編修した。設計例題は，機械工学系の学科等で広く用いられているものであり，機械設計の初学者の学習に最適な本となることを切望する。しかし，紙面の都合から，全ての技術や規格の情報を本書で網羅できていないところがある。本書を中心に幅広く勉強をして頂ければ幸いである。

　最後に，本書の執筆，編修にあたり豊橋技術科学大学ならびに所属機関の多くの方にご支援，ご協力を頂いた。また，実教出版の方々にもご支援を頂いた。本書の執筆，編修に関わった多くの方に深く感謝する。

著者一同

プロジェクトメンバー

柳田秀記（PL），兼重明宏（SL），西村太志，池田光優，田中淑晴，安部洋平，大津健史，大原雄児，片峯英次，川島貴弘，川原秀夫，川村淳浩，鬼頭俊介，劔地利昭，高橋憲吾，竹市嘉紀，中村尚彦，浜　克己，張間貴史，本村真治，松塚直樹，安井利明，山田　実，山田　誠，山田基宏，山村基久

目次 CONTENTS

第1章 ねじジャッキ

1-1 豆ジャッキの設計製図 ——————————————— 8
- 1-1-1 設計仕様………9
- 1-1-2 基本設計………9
- 1-1-3 主要部の設計………10
- 1-1-4 各部の設計………12
- 1-1-5 製図例………12

1-2 パンタグラフ形ねじ式ジャッキの設計製図 ————————— 13
- 1-2-1 設計仕様………14
- 1-2-2 基本設計………14
- 1-2-3 主要部の設計………16
- 1-2-4 各部の設計………19
- 1-2-5 製図例………20

第2章 歯車減速装置

2-1 歯車減速装置と設計仕様 ———————————————— 22
- 2-1-1 歯車減速装置………22
- 2-1-2 設計仕様………22
- 2-1-3 設計手順………23

2-2 歯車基本事項の設計 ———————————————————— 24
- 2-2-1 基本設計………24
- 2-2-2 歯数の検討………25
- 2-2-3 モジュールの検討………25
- 2-2-4 中心距離の検討………29

2-3 軸の強度計算 ——————————————————————— 30
- 2-3-1 入力軸（軸Ⅰ）の最小軸径………31
- 2-3-2 出力軸（軸Ⅲ）の最小軸径………32
- 2-3-3 中間軸（軸Ⅱ）の最小軸径………33

2-4 軸受の選定 ———————————————————————— 35
- 2-4-1 入力軸（軸Ⅰ）の軸受………35
- 2-4-2 中間軸（軸Ⅱ）の軸受………36
- 2-4-3 出力軸（軸Ⅲ）の軸受………36

2-5 歯車の詳細設計 ——————————————————————— 37
- 2-5-1 転位歯車………37
- 2-5-2 歯車の強度確認………40
- 2-5-3 製図例………40

第 **3** 章

手巻きウインチ

3-1	手巻きウインチの設計仕様	42
3-2	ワイヤーロープ	44
	3-2-**1** ワイヤーロープとその種類………44	
	3-2-**2** 破断荷重………45	
	3-2-**3** ロープ径………45	
	3-2-**4** シンブル………46	
3-3	巻胴	48
	3-3-**1** 巻胴の形状，材質………48	
	3-3-**2** 巻胴の寸法，ロープの巻き数………48	
	3-3-**3** ワイヤーロープ止め金具………51	
	3-3-**4** 歯車取付けボルト………53	
3-4	動力伝達装置	55
	3-4-**1** 速度伝達比および歯数比………55	
	3-4-**2** モジュールの決定………57	
	3-4-**3** ハンドル軸歯車と中間軸小歯車寸法………63	
	3-4-**4** 中間軸大歯車………63	
	3-4-**5** 巻胴歯車………65	
3-5	制動装置	66
	3-5-**1** ブレーキドラムの径と幅・制動トルク………66	
	3-5-**2** ブレーキドラムのリム，ハブ，ウェブ………68	
	3-5-**3** ブレーキバンド・操作力………69	
	3-5-**4** ブレーキレバー………75	
	3-5-**5** つめとつめ車………77	
3-6	軸	82
	3-6-**1** 各軸にかかる力………82	
	3-6-**2** ハンドル軸………82	
	3-6-**3** 中間軸………88	
	3-6-**4** 巻胴軸………92	
3-7	フレーム，フレームつなぎボルト	98
	3-7-**1** フレームの寸法………98	
	3-7-**2** フレーム台………98	
	3-7-**3** フレームつなぎボルト………98	
3-8	製図例	99

第4章 渦巻ポンプ

- **4-1** 渦巻ポンプの基礎 ——————————————— 100
- **4-2** ポンプの基礎理論 ——————————————— 103
  - 4-2-**1** 理論揚程………103
  - 4-2-**2** 軸方向スラストおよび半径方向スラスト………104
- **4-3** 渦巻ポンプの設計法 ——————————————— 107
  - 4-3-**1** 設計仕様………107
  - 4-3-**2** 比速度………108
  - 4-3-**3** 羽根車の設計………109
  - 4-3-**4** ボリュート・ケーシングの設計………116
  - 4-3-**5** 主軸の設計………121

   索引 ——————————————— **127**
   製図例 ——————————————— 〔1〕〜〔25〕

目次 **7**

第1章 ねじジャッキ

▶ **この章のポイント** ▶

代表的な機械要素の一つである「**ねじ**」を用いた簡単な器具の設計製図の基本的な流れについて学習する。
① 豆ジャッキの設計製図
② パンタグラフ形ねじ式ジャッキの設計製図

1-1 豆ジャッキの設計製図

　豆ジャッキは，工作物を支えたり，その水平や垂直の位置を調整したりするために用いられる器具である。例えば，定盤の上で複雑な形状の工作物を支えて，けがき作業をする場合などに用いられる。

　豆ジャッキは，一般に図1-1のように，本体，送りねじ棒，ヘッド，ハンドル棒などの部品で構成され，ハンドル棒を回すことで，送りねじ棒の先端に取り付けられたヘッドが上下に動く機構となっている。

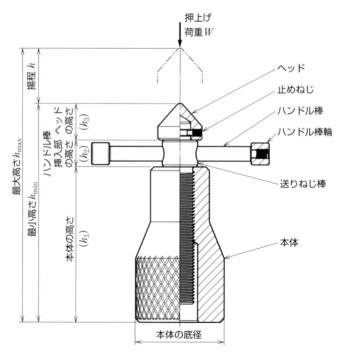

図1-1 豆ジャッキの機構

図1-2に設計手順を示す。

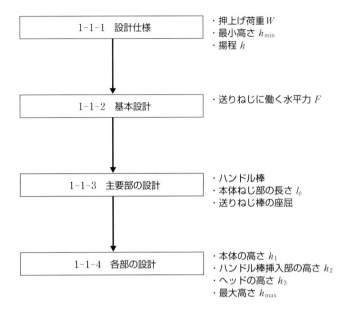

図1-2 豆ジャッキの設計手順

1-1-1 設計仕様

豆ジャッキは，次の設計仕様を満たすこととする。

- 押上げ荷重：$W = 1.00$ kN
- 最小高さ：$h_{\min} = 120$ mm
- 揚程：$h = 30$ mm

1-1-2 基本設計

送りねじに働く水平力[1] 一般用メートルねじの規格（JIS B 0205：2001）よりM16と仮定すると，付表5-1[2]からM16の有効径$D_2 = d_2 = 14.701$ mm，**ピッチ**$p = 2$ mmであり，ねじが1回転するときのリードはピッチと同じ$l = 2$ mmである。したがって，式5-1[3]より，ねじの**リード角**$\theta = 2.48°$となる。また，ねじ面の**静摩擦係数**$\mu_0 = 0.2$とすると，式3-53[4]より，**摩擦角**$\rho = 11.3°$となる。以上から，押上げ荷重が$W = 1.00$ kNのときに送りねじに働く水平力F [N]は，式5-6[5]より，$F = 245.4$ Nとなる。この計算結果を安全側に端数を丸めて，$F = 246$ N（設計値[6]）とする。

【1】送りねじに働く水平力（ねじを回転させる力）の計算

　ねじの軸方向に荷重が加わった状態でねじを回転させるには，ねじ面に働く摩擦力に打ち勝つ必要がある。押上げ荷重W [N]は，本体と送りねじ棒との間で接触している送りねじのねじ山のすべてにほぼ一様に加わるが，設計上は，ねじ山の1箇所に集中して加わるものとして考える。

【2】参照：この表示（付表5-1，式5-1など）は，本書の姉妹編「機械設計」を随時参照することを示している。

【3】式5-1
$$\tan\theta = \frac{l}{\pi d_2}$$

【4】式3-53
$$\mu_0 = \tan\rho$$

【5】式5-6
$$F = W\tan(\rho + \theta) \text{ [N]}$$

【6】設計値について

　決定した設計値は，これ以後の設計で継続的に用いる。すなわち，これ以後の設計式でFの値を代入する場合，すべて$F = 246$ Nを用いる。

1-1-3 主要部の設計

ハンドル棒　ハンドル棒の材料は，付表2-1 より一般構造用圧延鋼材 SS400（JIS G 3101：2015）を使用する。

(1) ハンドル棒の全長

図1-3のように，送りねじ棒を回すときのハンドル棒の有効長さ L_1 [mm]，ハンドル棒を回す力 F_h [N] とする。式5-7 [7] より，押上げ荷重 $W = 1.00$ kN のときに，送りねじに働く**トルク** $T' = 1.81 \times 10^3$ N·mm（設計値）となる。ハンドル棒を回すのに必要なトルクは曲げモーメントに等しいため，$L_1 = 75$ mm，$F_h = 40.0$ N と仮決定すると，ハンドル棒を回すために必要なトルク T は式3-7 [8] より $T = 3.00 \times 10^3$ N·mm（設計値）となり，$T' < T$ であるから，送りねじ棒を回すのに十分である。この結果，上記で仮決定した $L_1 = 75$ mm，$F_h = 40.0$ N を設計値とする。

送りねじ棒のハンドル棒が入る部分の直径を 20 mm（設計値），ハンドル棒輪の幅を 10 mm（設計値）として，ハンドル棒の全長 $L = 100$ mm（設計値）とする。

[7] 式5-7
$$T' = F\frac{d_2}{2} \text{ [N·m]}$$

[8] 式3-7 を変形
$$T = F_h L_1 \text{ [N·m]}$$

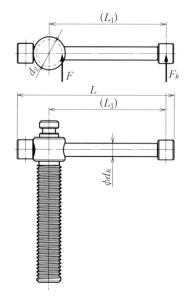

図1-3　ハンドル棒

(2) ハンドル棒の直径

SS400の曲げに対する**基準強さ**を付表2-1 の引張強さより $\sigma = 400$ MPa，表4-7 より静荷重の**安全率**を $S_f = 3$ とすると，式4-61 [9] より，**許容曲げ応力** $\sigma_a = 133$ MPa（設計値）となる。この値は，付表4-1 からも妥当であることがわかる。

ハンドル棒を回すときの**曲げモーメント** M [N·mm] は，トルク T と等しいため，表4-2 の中実棒の断面係数 Z [m^3] と最大曲げ応力の計算 式4-39 [10] より，ハンドル棒の直径 $d_h = 6.12$ mm となる。したがって，付表2-2 より熱間圧延棒鋼の丸鋼の標準径（JIS G 3191：2012）から安全を考慮して選定し，ハンドル棒直径 $d_h = 8$ mm（設計値）とする。

[9] 式4-61
$$\sigma_a = \frac{\sigma}{S_f} \text{ [Pa]}$$

[10] 式4-39 を変形
$$d_h = \sqrt[3]{\frac{32M}{\pi \sigma_a}} \text{ [m]}$$

本体ねじ部の長さ（はめあい部長さ）（図1-4）　本体の材質は，付表2-3 よりねずみ鋳鉄品 FC200（JIS G 5501：1995）とする。押上げ荷重 $W = 1.00$ kN，付表5-1 より送りねじ棒（おねじ）の外径 $d = 16$ mm，本体ねじ（めねじ）の内径 $D_1 = 13.835$ mm となる。ねじ

の**許容接触面圧力** $q_a = 15\,\mathrm{MPa}$[11] とすると，ねじのピッチ $p = 2\,\mathrm{mm}$ であるから，式6-6[12] より，本体ねじ部の長さ（はめあい部長さ）$l_p = 2.63\,\mathrm{mm}$ となる。揚程 $h = 30\,\mathrm{mm}$ であることなどを考慮して，$l_p = 40\,\mathrm{mm}$（設計値）とする[13]。

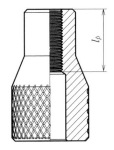

図1-4　本体ねじ部の長さ

送りねじ棒の座屈に対する安全の評価　送りねじ棒の材質は，付表2-4 より機械構造用炭素鋼鋼材 S35C-D（JIS G 4051：2016）とする。送りねじ棒のねじの谷の径 $d_1 = 13.835\,\mathrm{mm}$ より，ねじ棒の谷の径の断面積 $A = 150\,\mathrm{mm}^2$[14] となり，表4-2[15] より**断面二次モーメント** $I\,[\mathrm{m}^4]$ を求め，4-6-5項[16] より，**断面二次半径** $k = 3.46\,\mathrm{mm}$ となる。また，図1-5のように，ヘッドの高さ $h_3 = 20\,\mathrm{mm}$，ハンドル棒挿入部の高さ $h_2 = 15\,\mathrm{mm}$ と仮決定すると，揚程 $h = 30\,\mathrm{mm}$ であるから，豆ジャッキの本体から上に出ている部分の長さ $l' = 65\,\mathrm{mm}$ となる。

以上のことから，**細長比** $\dfrac{l'}{k} = 18.8$ となる。ここで，送りねじ棒を一端固定他端自由端末条件の長柱と考えると，表4-5 より，**端末係数** $n = \dfrac{1}{4}$ である。これらの結果，表4-6 より，硬鋼材料における**ランキンの公式**の適用範囲であることがわかる[17]。したがって，応力定数 $\sigma_d = 480\,\mathrm{MPa}$，材料定数 $a = \dfrac{1}{5000}$ を用いて，式4-60[18] より，座屈応力 $\sigma_{cr} = 374\,\mathrm{MPa}$ となるから，送りねじ棒の**座屈荷重** $W_{cr} = 56.3\,\mathrm{kN}$ となる。このことから，$W_{cr} > W$ であり，座屈に対して十分に安全であることがわかる。

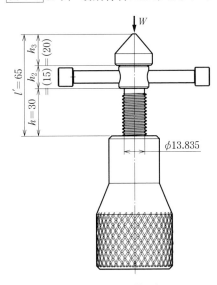

図1-5　送りねじ棒の座屈

【11】許容接触面圧力の求め方

日本機械学会編「機械工学便覧 β編 機械要素・トライボロジー：第1部 機械要素，第2章 締結要素，2・1 ねじ，2・1・6 ねじの強度設計，表 I-2・5 ねじの許容面圧」より求める。

【12】式6-6
$$l_p = \frac{4pW}{\pi(d^2 - D_1^2)q_a}\,[\mathrm{mm}]$$

【13】はめあい部長さ

おねじとめねじのはまりあう山数が少ないと，接触面圧力によってねじ山の接触面が破損したり，せん断応力によってねじ山がせん断破壊されたりすることがある。めねじの材質やすべり速度に応じた適正なはめあい部長さとすることで，これらを防ぐことができる。

【14】谷の径の断面積 A
$$A = \frac{\pi d_1^2}{4}\,[\mathrm{mm}^2]$$

【15】表4-2
$$I = \frac{\pi d_1^4}{64}\,[\mathrm{m}^4]$$

【16】4-6-5項で I_0 を I と置いて断面二次半径 k を求める。
$$k = \sqrt{\frac{I}{A}}\,[\mathrm{m}]$$

【17】適用条件

硬鋼材料では，$\dfrac{l'}{k} < 88\sqrt{n}$ の条件でランキンの式を適用し，それ以外ではオイラーの式を適用する。

【18】式4-60
$$\sigma_{cr} = \frac{\sigma_d}{1 + \dfrac{a}{n}\left(\dfrac{l'}{k}\right)^2}\,[\mathrm{Pa}]$$

1-1-4 各部の設計

各部品の詳細な寸法等については，各部のつりあいなどを考えて決定する。図 1-6 のように，本体の高さ $h_1 = 85\,\mathrm{mm}$（設計値）とし，仮決定したハンドル棒挿入部の高さ $h_2 = 15\,\mathrm{mm}$ とヘッドの高さ $h_3 = 20\,\mathrm{mm}$ を改めて設計値とすると，最大高さ $h_{\max} = 150\,\mathrm{mm}$（設計値）となる。

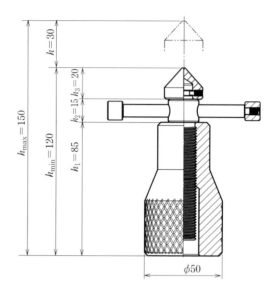

図 1-6　豆ジャッキの各部の設計

1-1-5 製図例

以上の結果より，設計値に基づいて作成した組立図と部品図を付図 1-1 に示す。また，参考として，設計した豆ジャッキの外観を図 1-7 に示す。

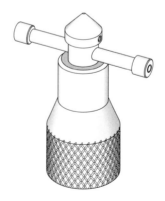

図 1-7　豆ジャッキの外観

1-2　パンタグラフ形ねじ式ジャッキの設計製図

　自動車用の携行ジャッキは，タイヤ交換などの際に車体を持ち上げるために用いられる器具である。使用頻度は高くないが，軽量，小形，安価，そして人力で容易に操作できることなどが要求される。JIS 規格では，自動車用油圧式携行ジャッキ（JIS D 8101：2006）と自動車用ねじ式携行ジャッキ（JIS D 8103：2006）が定められており，ここでは，後者で規格化されているジャッキの中からパンタグラフ形ねじ式ジャッキを取り扱う。

　パンタグラフ形ねじ式ジャッキは，一般に図 1-8 のように，アーム，荷受部，ベッド部，ねじ棒，めねじ，スラスト軸受，ハンドルなどの部品で構成され，ハンドルを回すことで，ねじ棒に組み合わされためねじが移動し，アームの平行**リンク機構**で荷受部が上下に動く機構となっている。JIS D 8103：2006 では，このタイプのジャッキに限り，全揚程の中央位置以上で荷重をかけることが規定されており，この範囲が有効揚程となる。

　また，JIS D 8103：2006 では，次のような性能検査が規定されており，強度計算の基礎条件として考慮する必要がある[19]。

【19】性能検査
　規定されている3つの性能検査（負荷作動検査，耐荷重検査，傾斜荷重検査）のうち，本書では負荷作動検査と耐荷重検査を強度計算の基礎条件とした。

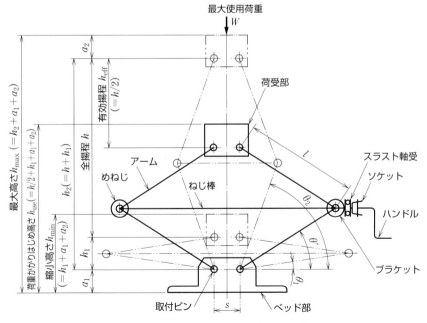

図 1-8　パンタグラフ形ねじ式ジャッキの機構

| 負荷作動検査 | 荷受部に最大使用荷重の 120％ の荷重を加え，全揚程の中央位置から最高位置まで繰り返し 3 回押し上げたとき，作動状況は円滑，確実で，本体およびハンドルの各部に使用上の有害な異常があってはならない。 |

| 耐荷重検査 | 全揚程の中央位置で最大使用荷重の 150％ の垂直静荷重を 3 分間加えたとき，各部に有害な変形，破壊，その他の異常があってはならない。 |

1-2-1 設計仕様

パンタグラフ形ねじ式ジャッキは，次の設計仕様を満たすこととする。

- 呼び荷重（最大使用荷重）：$W = 5.00 \text{ kN}$
- 全揚程：$h = 190 \text{ mm}$
- 有効揚程：$h_{\text{eff}} = 95 \text{ mm}$
- 最大高さ：$h_{\max} = 250 \text{ mm}$ 以上

図 1-9 にパンタグラフ形ねじ式ジャッキの設計手順を示す。

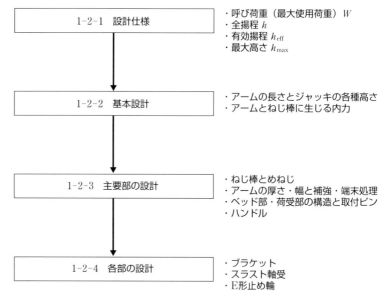

図 1-9　パンタグラフ形ねじ式ジャッキの設計手順

1-2-2 基本設計

アームの長さとジャッキの各種高さ　図 1-8 で示したように，平行リンク機構が最も縮んだとき（縮小高さ $h_{\min}$）のアームと水平面のなす角度 $\theta_1 [°]$ [20]，このときのベッド部の取付ピンから荷受部の取付ピンまでの高さ $h_1 [\text{mm}]$，最も伸びたとき（最大高さ $h_{\max}$）のアームと水平面のなす角度 $\theta_2 [°]$ [21]，このときのベッド部の取付ピンから荷受部の取付ピンまでの高さ $h_2 [\text{mm}]$，全揚程 $h [\text{mm}]$ [22] とすると，

【20】θ_1 の範囲
θ_1 は 7〜9° くらいが適当とされている。

【21】θ_2 の範囲
θ_2 は 70〜75° くらいが適当とされている。

【22】全揚程 h
$$\begin{aligned} h &= h_2 - h_1 \\ &= 2l \sin \theta_2 - 2l \sin \theta_1 \\ &= 2l(\sin \theta_2 - \sin \theta_1) \, [\text{mm}] \end{aligned}$$

アームの長さ l [mm] は，次式で求めることができる．

■ アームの長さ
$$l = \frac{h}{2(\sin\theta_2 - \sin\theta_1)} \text{ [mm]} \quad (1\text{-}1)$$

ここで，$\theta_1 = 8°$，$\theta_2 = 70°$ と決定して設計仕様の全揚程 $h = 190$ mm を上式に代入すると，$l = 118.7$ mm という計算結果となり，安全側に端数を丸めて $l = 119$ mm（設計値[23]）とする．したがって，図 1-8 より $h_1 = 33$ mm [24]（設計値），$h_2 = 223$ mm [25]（設計値）となる．

さらに，ベッド部の取付ピンからベッド部の底面までの高さ $a_1 = 30$ mm（設計値），荷受部の取付ピンから荷受部の上面までの高さ $a_2 = 30$ mm（設計値）とすると，縮小高さ $h_{\min} = 93$ mm [26]（設計値），最大高さ $h_{\max} = 283$ mm [27]（設計値）となり，設計仕様の最大高さを満足する．

| アームとねじ棒に生じる内力（耐荷重検査を考慮した力）

最大使用荷重 W [N] によって，アームには**圧縮力**，ねじ棒には**引張力**がかかる（図 1-10）．ここで，アームに生じる**内力** F_1 [N]，ねじ棒に生じる内力 F_2 [N] とすると，アームと水平面のなす角度 θ [°] のときの各内力[28]は，次のように求められる．

■ アームに生じる内力
$$F_1 = \frac{W}{2\sin\theta} \text{ [N]} \quad (1\text{-}2)$$

■ ねじ棒に生じる内力
$$F_2 = 2F_1\cos\theta = 2\frac{W}{2\sin\theta}\cos\theta = \frac{W}{\tan\theta} \text{ [N]} \quad (1\text{-}3)$$

JIS D 8103：2006 では，全揚程の中央より高い位置で荷重をかけることが規定されており，各部材に加わる力は，この範囲で最も大きくなる全揚程の中央位置（荷重かかりはじめの高さ）$h_{\text{use}} = 188$ mm（設計

【23】設計値について
決定した設計値は，これ以後の設計で継続的に用いる．すなわち，これ以後の設計式で l の値を代入する場合，すべて $l = 119$ mm を用いる．

【24】設計値 h_1
$h_1 = 2l\sin\theta_1$ [mm]

【25】設計値 h_2
$h_2 = h + h_1$ [mm]

【26】縮小高さ $h_{\min}$
$h_{\min} = h_1 + a_1 + a_2$ [mm]

【27】最大高さ $h_{\max}$
$h_{\max} = h_2 + a_1 + a_2$ [mm]

【28】アームとねじ棒に生じる内力の大きさ
アームとねじ棒に生じる内力の大きさは，下図に示すように縮小高さのときに極めて大きく，アームと水平面のなす角度 θ [°] が大きくなるに従って小さくなる．

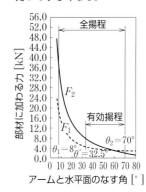

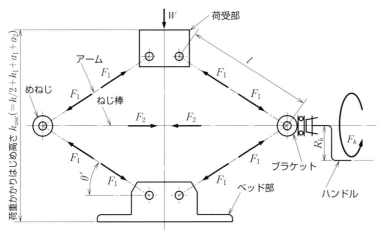

図 1-10 アームとねじ棒に生じる内力

【29】 荷重かかりはじめの高さ h_{use}

$$h_{use} = \frac{h}{2} + h_1 + a_1 + a_2 \text{[mm]}$$

【30】 設計値

$$\sin\theta' = \frac{\left(\frac{h}{2} + h_1\right)}{2l}$$

【31】 設計値 F_1'

$$F_1' = 1.5 F_1 \text{[N]}$$

【32】 設計値 F_2'

$$F_2' = 1.5 F_2 \text{[N]}$$

【33】 式 4-1 を変形

$$d_1 = \sqrt{\frac{4F_2'}{\pi\sigma_a}} \text{ [m]}$$

【34】 設計値 F_2''

$$F_2'' = 1.2 \times \frac{4}{3} F_2 \text{[N]}$$

【35】 式 4-1

$$\sigma = \frac{4F_2''}{\pi d_1^2} \text{ [Pa]}$$

【36】 強度条件を満たさない場合

付表 5-4-2 よりメートル台形ねじ規格（JIS B 0216：2013）から谷の径 d_1 が次に大きいものを選定し直して側注【35】の式に適用して，強度条件を満たすまでこのサイクルを続ける。

【37】 Tr16 × 4
　　$d_s = 16.000$ mm,
　　$p = 4$ mm,
　　$d_1 = 11.500$ mm,
　　$d_2 = 14.000$ mm

値）[29] で求める．また，耐荷重検査を考慮した力は，式 1-2，式 1-3 を 1.5 倍して求める．

荷重かかりはじめの高さでのアームと水平面のなす角度 $\theta' = 32.5°$ [30]（設計値）となる．この結果，アームに生じる内力 $F_1 = 4.65$ kN（設計値）となる．また，同様にしてねじ棒に生じる内力 $F_2 = 7.84$ kN（設計値）となる．したがって，耐荷重検査を考慮したアームに生じる内力 $F_1' = 6.97$ kN [31]（設計値）となる．また，同様にして耐荷重検査を考慮したねじ棒に生じる内力 $F_2' = 11.8$ kN [32]（設計値）となる．

1-2-3 主要部の設計

ねじ棒とめねじ

ねじ棒とめねじの材料は，付表 2-1 より一般構造用圧延鋼材 SS400（JIS G 3101：2015）を用い，付表 4-1 の許容引張応力 $\sigma_a = 125$ MPa とする．図 1-11 に概要図を示す．

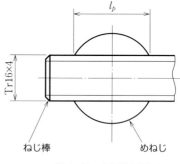

図 1-11　ねじ棒とめねじ

(1) ねじ棒

式 4-1 [33] より，ねじ棒の谷の径 $d_1 = 10.9$ mm 以上となるから，付表 5-4-2 のメートル台形ねじの基準寸法（JIS B 0216：2013）より安全を考慮して選定し，呼び Tr16 × 4（外径 $d_s = 16.000$ mm，ピッチ $p = 4$ mm，谷の径 $d_1 = 11.500$ mm）を候補とする．

荷重がかかった状態でねじ棒を回転させると，ねじ棒は引張力と同時にねじりを受ける．このような場合，ねじりによる応力は引張応力の $\frac{1}{3}$ 程度とみなして計算することが多いため，ねじ棒には $\frac{4}{3}$ 倍の引張力が加わるものとして設計を進める．さらに負荷作動検査の条件（最大使用荷重 W の 120%）も考慮すると，ここで考慮すべき力は $F_2'' = 12.5$ kN [34]（設計値）となる．以上から，ねじ棒に生じる応力 σ は，式 4-1 [35] より，$\sigma = 121$ MPa となり，$\sigma < \sigma_a$ となって強度条件を満たす [36]．この結果，上記で候補としたメートル台形ねじ Tr16 × 4 [37] を設計値とする．

(2) めねじ

すべり速度が極めて小さいため，ねじの許容接触面圧力 $q_a = 25$ MPa とする [38]．したがって，ねじ棒（おねじ）の外径 [39] $d_s = 16.000$ mm，めねじの内径 $D_1 = 12.000$ mm であるから，式 6-6 [40] より，はめあ

い部長さ $l_p = 22.8$ mm となり，安全とめねじの製作方法を考慮して $l_p = 26$ mm（設計値）とする。

アームの厚さ・幅と補強・端末処理 アームの材料は，付表2-1 より一般構造用圧延鋼材 SS400（JIS G 3101：2015）を用い，縦弾性係数（ヤング率）$E = 206$ GPa とする。アームは，製作方法を考慮して，2枚を一対として1つの平行リンクを構成するものとする。

(1) アームの厚さ・幅

アームは，付表2-5 の熱間圧延鋼板及び鋼帯の標準厚さ（JIS G 3193：2008）より，厚さ $t_1 = 2.5$ mm，幅 $b = 22$ mm と仮決定する。図1-12に概要を示した。アームの柱としての座屈強さを考える。表4-2 [41] より断面二次モーメント $I = 28.6$ mm⁴，4-6-5項

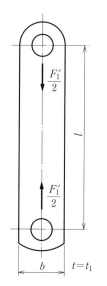

図1-12 アームの厚さ・幅

より断面二次半径 $k = 0.722$ mm [42] となり，細長比 $\frac{l}{k} = 165$ となる。ここで，アームを両端回転端末条件の長柱と考えると，表4-5 より，端末係数 $n = 1$ であり，表4-6 の軟鋼材料におけるランキンの式の適用範囲外[43]であるため，**オイラーの式**を用いる。したがって，式4-59 [44] より，座屈応力 $\sigma_{cr} = 74.8$ MPa となり，アームの座屈荷重 $W_{cr} = 4.11$ kN（設計値）となる。ここで，1枚のアームに生じる内力は，F_1' [N] の半分の 3.49 kN であるため，座屈荷重よりも小さく[45]，安全であることがわかる。この結果，上記で仮決定したアームの厚さ（$t_1 = 2.5$ mm）と幅（$b = 22$ mm）を設計値とする。

(2) アームの補強・端末処理

強度と安定を増すために，一対のアームの間にステーを溶接して一体化する。また，平行リンク機構が偏りなく滑らかに動くようにするため，ベッド部側と荷受部側となるアームの端に歯車をかみあうように溶接して取り付ける。

【38】許容接触面圧力の求め方

日本機械学会編「機械工学便覧 β編 機械要素・トライボロジー：第1部 機械要素，第2章 締結要素，2・1 ねじ，2・1・6 ねじの強度設計，表1-2・5 ねじの許容面圧」より求める。

【39】ねじ棒の外径

付表2-2 の熱間圧延棒鋼の丸鋼の標準径（JIS G 3191：2012）より選定した。

【40】式6-6

$$l_p = \frac{4pF_2''}{\pi(d_s^2 - D_1^2)q_a} \; [\text{mm}]$$

【41】表4-2

$$I = \frac{bt_1^3}{12} \; [\text{m}^4]$$

【42】4-6-5項 で I_0 を I と置いて

$$k = \sqrt{\frac{I}{A}} = \sqrt{\frac{I}{bt_1}} \; [\text{m}]$$

【43】適用条件

軟鋼材料では，$\frac{l}{k} < 90\sqrt{n}$ のときにランキンの式を適用し，それ以外ではオイラーの式を適用する。

【44】式4-59

$$\sigma_{cr} = n \frac{\pi^2 E}{\left(\frac{l}{k}\right)^2} \; [\text{Pa}]$$

【45】内力が座屈荷重よりも大きい場合

厚さや幅を少し大きくして側注【44】の式に適用し，座屈荷重が1枚のアームに生じる内力よりも小さくなるまでこのサイクルを続ける。

| ベッド部・荷受部の構造と取付ピン

(1) ベッド部・荷受部の構造

　ベッド部は，製作方法を考慮して，板材を絞り加工して製作するベッドと軽量山形鋼を利用するベースで構成するものとする。前者の材料は 付表2-6 の熱間圧延鋼板 SPHD（JIS G 3131：2011），後者には 付表2-7 の一般構造用軽量形鋼 SSC400（JIS G 3350：2009）から呼び3075の軽量山形鋼（厚さ $t_2 = 3.2$ mm）を用いる。また，荷受部は，製作方法を考慮して，荷受台と荷受板で構成するものとする。両者の材料は，付表2-5 の熱間圧延鋼板及び鋼帯の標準厚さ（JIS G 3193：2008）より，厚さ $t = 3.2$ mm の SS400 を用いる。

(2) 取付ピン

　一例として，図1-13に，ベッド部の取付ピンの計画図を示した。取付ピンには**せん断力**が働く。取付ピンの材質は，付表2-1 の一般構造用圧延鋼材 SS400（JIS G 3101：2015）を用い，付表4-1 より許容**せん断応力** $\tau_{a1} = 50$ MPa とする。式4-4 [46] より，アームとベースの取付ピンの径 $d_p = 9.42$ mm となり，安全側に端数を丸めて $d_p = 10$ mm（設計値）とする。同様に，アームと荷受台の取付ピンの径 $d_p = 9.42$ mm となり，安全側に端数を丸めて $d_p = 10$ mm（設計値）とする。

【46】 式4-4 を変形
$$d_p = \sqrt{\frac{2F_1'}{\pi \tau_{a1}}} \ [\text{m}]$$

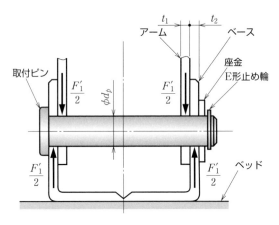

図1-13　ベッド部の取付ピンの計画図

| ハンドル

　ハンドルの材質は，付表2-1 の一般構造用圧延鋼材 SS400（JIS G 3101：2015）を用い，付表4-1 より許容ねじり応力 $\tau_{a2} = 100$ MPa とする。形状は，図1-14のようなものとする。

(1) ハンドルの回転半径

　ハンドルを回すために必要なトルク T [N·mm] を，ねじ部に生じる摩擦力から求める。幾何学的な関係と負荷作動検査の条件（最大使用荷

重の120％)を考慮すると，ねじ棒に生じる内力 $F_2''' = 9.41$ kN [47] となる。ねじ面の静摩擦係数 $\mu_0 = 0.15$ とすると，式3-53 [48] より摩擦角 $\rho = 8.53°$ となる。呼び Tr16 × 4 のメートル台形ねじの有効直径 $d_2 = 14$ mm であり，ねじのリード角 θ は式5-1 [49] より $\theta = 5.20°$ となる。したがって，式5-7 [50] より，ハンドルを回すために必要なトルク $T = 16.1 \times 10^3$ N·mm（設計値）となる。ここで，ハンドルの回転半径 $R_h = 200$ mm と仮決定すると，ハンドルの操作力 $F_h = 80.4$ N [51] となるため，仮決定した回転半径 ($R_h = 200$ mm) を設計値とする。

(2) ハンドルの直径

ねじり強さを確保するため，式4-52 [52] と表4-3 より，ハンドルの直径 $d_h = 9.36$ mm となり，安全側に端数を丸めて $d_h = 10$ mm（設計値）とする。

(3) ソケット

ソケットは，厚さ $t_3 = 4$ mm の SS400 の鋼板で製作し，ねじ棒に溶接するものとする。

[47] 設計値 F_2'''
$F_2''' = 1.2 F_2$ [N]

[48] 式3-53
$\mu_0 = \tan \rho$

[49] 式5-1
$\tan \theta = \dfrac{p}{\pi d_2}$

[50] 式5-7
$T = \dfrac{d_2}{2} F_2''' \tan(\rho + \theta)$ [N·mm]

[51] ハンドルの操作力 F_h
$F_h = \dfrac{T}{R_h}$ [N]，ハンドルの操作力はおよそ 100 N 以下であればよい。

[52] 式4-52 を変形
$d_h = \sqrt[3]{\dfrac{16T}{\pi \tau_{a2}}}$ [m]

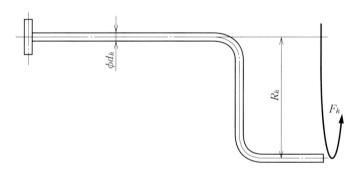

図 1-14 ハンドルの計画図

1-2-4 各部の設計

ブラケット ブラケットは，ねじ棒の軸受でアームを支えてねじ棒の軸方向の力を受ける。このため，ブラケットとソケットの間に**スラスト軸受**を取り付け，ハンドルを回すときの摩擦を軽減する。ブラケットの材質は，付表2-1 の一般構造用圧延鋼材 SS400（JIS G 3101：2015）とし，アームを支える部分はベース部や荷受部の取付ピンと同様に $d_b = 10$ mm（設計値）とする。

スラスト軸受 付表8-1 の単式平面座スラスト玉軸受（JIS B 1532：2012）より，ねじ棒の谷の径以上の内径をもつもの [53] から，呼び番号 51102（単式，内径 $d_a = 15$ mm）とする。

[53] スラスト玉軸受の呼び番号
同時に，ねじ棒の外径以下の近い径であることが望ましい。

| E形止め輪 | 付表8-2 のE形止め輪（JIS B 2804 : 2010）よ
り，ねじ棒に取り付けるものはねじ棒の谷の径以上
でねじ棒の外径より小さい内径をもつものから，呼び12（内径 $d_{e1} = 12\,\mathrm{mm}$）とする．同様に，取付ピンやブラケットに取り付けるものは，呼び8（内径 $d_{e2} = 8\,\mathrm{mm}$）とする．

1-2-5 製図例

以上の結果より，設計値に基づいて作成した組立図を付図1-2，部品図を付図1-3と付図1-4に示す．また，参考として，設計したパンタグラフ形ねじ式ジャッキの外観を図1-15に示す．

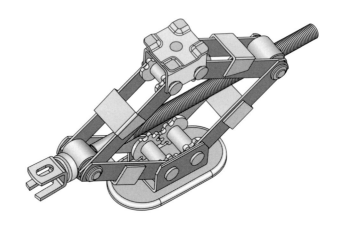

図1-15 パンタグラフ形ねじ式ジャッキの外観

1-2　パンタグラフ形ねじ式ジャッキの設計製図

第2章 歯車減速装置

■ この章のポイント ▶

代表的な機械要素の一つである「**平歯車**」を組み合わせた回転数を減じる**歯車減速装置**の設計製図に関して，以下の基本的な設計とその製図法について学習する。

①歯車の基本設計

②軸の強度計算

③軸受の選定

④歯車の詳細設計

2-1 歯車減速装置と設計仕様

2-1-1 歯車減速装置

歯車減速装置は，電動機などからの入力側回転数を歯車で減じて出力する機械装置である。その出力は，減じた回転数に反比例したトルクを得ることができる。減速装置において，歯車を用いたものは，簡単な機構で確実な動作を得ることができ，かつ安価という特徴がある。ここで取り扱うのは，図2-1に示すように，電動機に直接繋がっている入力軸Ⅰの回転を歯車1（G_1）と歯車2（G_2）によりまず減速し，その回転をさらに歯車3（G_3）と歯車4（G_4）により減速する2段構造の減速装置である。

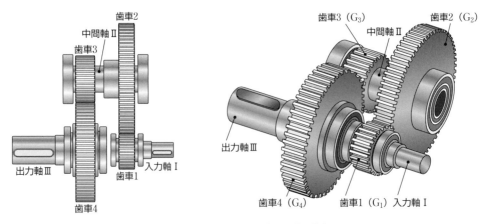

図2-1 設計対象となる歯車減速装置構造

2-1-2 設計仕様

歯車減速装置は，次の設計仕様を満たすこととする。

・駆動源：三相誘導電動機，4極

・定格出力：$P = 5.5\,\mathrm{kW}$

・入力回転数：1500 min^{-1}
・減速機出力回転数：80 min^{-1}，減速構造：2段
・入力軸と出力軸とを，同一直線上に配置

2-1-3 設計手順

　歯車減速装置の設計手順を，図2-2に示す。まず，要求される回転数，動力，構造から，歯車の歯数を仮決定する。仮に決定された歯数からそれぞれの歯車の回転数が得られ，歯車の曲げ強度，面圧強度，および歯車の材質とモジュールを決定する。次に，軸動力と回転数から軸に働くトルクを算出し，最小軸径を決定する。中間軸に関しては，軸に働くトルクと曲げモーメントを算出し，軸径を決定する。そして，その求

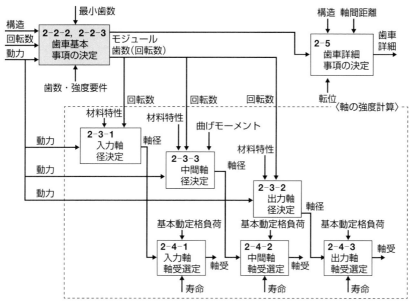

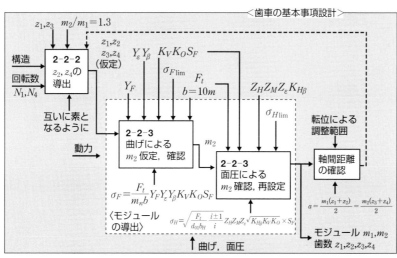

図2-2　減速装置全体および歯車基本事項を決定する手順

められた軸径と，軸受寿命から軸受の選定を行う。また，軸間距離の要求仕様を満たすように，歯車の詳細設計を行う。

2-2 歯車基本事項の設計

2-2-1 基本設計

入力軸と出力軸とを図2-1に示すように，同一直線上に配置する構造とする。すなわち，1段目と2段目の中間軸と出力軸との中心距離が等しくなるように設計する。その際，1段目より2段目の方が伝達トルクは大きくなるため，歯車の曲げ強度を増すために，2段目歯車のモジュール m_2 を大きくする必要がある。1段目歯車のモジュール m_1 の1.3倍を2段目歯車のモジュール $m_2 (= 1.3m_1)$ と仮定し，歯幅 $b = 10m$ として設計を進める[1]。

図2-3に示すように，歯車 G_1, G_2, G_3, G_4 の歯数を z_1, z_2, z_3, z_4, 回転数を N_1, N_2, N_3, N_4 と定義する。また，歯車の中心距離 a [mm] は 表9-3 [2] から求めることができる。なお，回転数 N_2 と N_3 は同軸であるので等しく，入力回転数 N_1 は4％のすべりを考慮し，$N_1 = 1500 \times 0.96 = 1440 \text{ min}^{-1}$ とする。

なお，一般的によく使用される歯車構造について，(a)軸一体構造歯車，(b)ウェブ構造歯車の例を図2-4に示す。本設計では，これらの構造の歯車を用いることとする。

[1] 歯幅
一般に平歯車の幅は，$(6 \sim 10)m$ とされている。

[2] 表9-3 より
$$a = \frac{m_1(z_1 + z_2)}{2}$$
$$= \frac{m_2(z_3 + z_4)}{2}$$

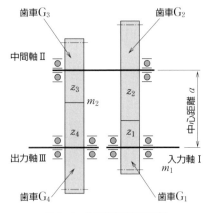

図2-3 歯車減速装置概略図

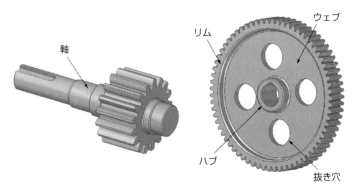

(a) 軸一体構造   (b) ウェブ構造

図2-4 歯車構造例

2-2-2 歯数の検討

小歯車である歯車 G_1 と歯車 G_3 の歯数を，9-2-4項 より切り下げの影響が無視できる最小歯数である 14 枚と仮定する 式9-11 [3]。これは装置をできるだけコンパクトに設計するためである。

歯車の中心間距離の定義[2] より，

$$\frac{z_1 + z_2}{z_3 + z_4} = \frac{m_2}{m_1} \tag{2-1}$$

となり，モジュールの仮定（$m_2 = 1.3m_1$）と $z_1 = z_3 = 14$ とすると，次のようになる。

$$\frac{14 + z_2}{14 + z_4} = 1.3 \text{より，} \quad z_2 = 1.3(14 + z_4) - 14 = 1.3z_4 + 4.2 \tag{2-2}$$

一方，速度伝達比 i は 式9-21 [4] から次のように求めることができる。

■ 速度伝達比

$$i = \frac{z_2 z_4}{z_1 z_3} = \frac{z_2 z_4}{14 \times 14} \quad \Rightarrow \quad z_2 z_4 = 14^2 i \tag{2-3}$$

式 2-2 を式 2-3 へ代入することにより，式 2-4 が得られる。

$$(1.3z_4 + 4.2)z_4 = 14^2 i \quad \Rightarrow \quad 1.3z_4{}^2 + 4.2z_4 - 14^2 i = 0 \tag{2-4}$$

設計仕様から速度伝達比 $i = N_1/N_4 = 1440/800 = 18.0$ であるため，$z_4 = 50.5$ 枚，$z_2 = 69.9$ 枚が得られる。

これから，z_1 と z_2，z_3 と z_4 とが互いに素となるように，$z_1 = 14$ 枚，$z_2 = 67$ 枚，$z_3 = 14$ 枚，$z_4 = 53$ 枚と仮定する。

さらに，減速比の目標と設計値との割合が 3 ％ 以内[5] となることを確認するために，式 2-3 より実回転数 N_{4a} を計算し，目標値とのずれ Δ を確認する。

$$\text{実回転数：} N_{4a} = \frac{z_1 z_3}{z_2 z_4} N_1 = \frac{14 \times 14}{67 \times 53} \times 1440 = 79.5 \tag{2-5}$$

目標値とのずれ Δ は，次式より求められ，3 ％ 以内を満たしている。

$$\Delta = \frac{N_{4a} - N_4}{N_4} \times 100 = \frac{79.5 - 80}{80} \times 100 = -0.65 \text{％} \tag{2-6}$$

以上のことから，上記の歯数を設計値と仮決定する。

2-2-3 モジュールの検討

歯車のモジュールは，歯の曲げ強度と面圧強度の計算により決定する。曲げ強度に関して，式9-26 [6] で得られる歯元の曲げ応力 σ_F[MPa] が許容曲げ応力 $\sigma_{F\lim}$[MPa] よりも小さくなるように，また，面圧強度に関して，式9-34 [7] で得られるヘルツ応力 σ_H[MPa] が材料の表面硬度により決定される許容ヘルツ応力 $\sigma_{H\lim}$[MPa] より小さくなる

---

[3] 式9-11

$$z \geq \frac{2}{\sin^2 \alpha}$$

[4] 式9-21

$$i = \frac{z_2}{z_1} \times \frac{z_3}{z_2{}'}$$
$$= \frac{N_1}{N_2} \times \frac{N_2}{N_3} = \frac{N_1}{N_3}$$

[5] 回転数

歯車列の設計において，同じ歯同士が続けてかみあわせないようにするため，互いに素になる組み合わせとする必要がある。また，装置をコンパクトにするためには，小さな歯数での組み合わせが必要となる。これらを考慮し，ここでは減速装置の目標出力回転数を要求値の 3 ％ 以内を許容することとする。

[6] 式9-26

$$\sigma_F = \frac{F_t}{m_n b} Y_F Y_\varepsilon Y_\beta K_V K_O S_F$$
$$[\text{MPa}]$$

[7] 式9-34

$$\sigma_H = \sqrt{\frac{F_t}{db} \frac{i+1}{i}} Z_H Z_M Z_\varepsilon$$
$$\sqrt{K_{H\beta} K_V K_O} \times S_F \, [\text{MPa}]$$

ようにモジュールを決定する必要がある。なお，歯車は S45C 高周波焼入れ歯車とする。

[8] 式9-28

$$\sigma_F = \frac{F_t}{m_n b} Y_F \text{ [MPa]}$$

[9] 式3-51

$$F_t = \frac{P}{v} = \frac{P}{\dfrac{\pi D N_3}{60}}$$

$$= \frac{60P}{\pi(z_3 m_2)N_3} \text{ [N]}$$

式3-26

$$v = r\omega \text{ [ms]}$$

[10] 歯形係数

転位係数 $x = 0$ とし，歯数 $z_3 = 14$ より $Y_F = 3.2$ が図から読みとれる。

[11] 高周波焼入れ歯車

焼ならし材 S43C，S48C において，付表9-3 より，540 HV で

$\sigma_{H\lim} = 900 \text{ MPa}$

$\sigma_{F\lim} = 206 \text{ MPa}$

となる。

[12] kW の単位を N·mm/s に換算するため 10^6 を乗ずる。

━━━━━━━━━━━━

■ 曲げ強度による モジュールの検討

使用する歯車は JIS B1702：1998 N9 とし，負荷側に中程度の衝撃を想定し，歯車の支持方法は両側支持とし，歯車は両軸受の中間位置に配置されるものとする。

歯に作用する力 F_t [N] は，最も大きな力が作用する出力側の小歯車 G_3 について検討する。

式9-26 [6] から直接モジュールを導出することは困難であるため，荷重分配係数 Y_ε，ねじれ角係数 Y_β，動荷重係数 K_V，過負荷係数 K_O，安全率 S_F を除外した，理論式 式9-28 [8] からモジュールを仮決定する。

ここで，歯幅 $b = 10m$，式3-51 [9] を，理論式へ代入すると，曲げ応力 σ_F [MPa] は次式となる。

$$\sigma_F = \frac{F_t}{m_2 b} Y_F = \frac{1}{10 m_2^2} \frac{60P}{\pi z_3 m_2 N_3} Y_F = \frac{6PY_F}{\pi z_3 N_3 m_2^3} \quad (2\text{-}7)$$

歯形係数 Y_F ($z = 14$, $\alpha = 20°$) は，図9-20 [10] より 3.2 とし，許容繰返し曲げ応力 $\sigma_{F\lim}$ は，付表9-3 [11] より 206 MPa とする。

また，中間軸の回転数 N_2 [min^{-1}] は次のようになる。

$$N_2 = N_3 = \frac{z_1}{z_2} N_1 = \frac{14}{67} \times 1440 = 301 \text{ min}^{-1} \quad (2\text{-}8)$$

これにより，モジュール m_2 は次式のように推定される [12]。

$$m_2 = \sqrt[3]{\frac{6PY_F}{\pi z_3 N_3 \sigma_{F\lim}}} = \sqrt[3]{\frac{6 \times 5.5 \times 10^6 \times 3.2}{\pi \times 14 \times 301 \times 206}} = 3.38$$

$$(2\text{-}9)$$

式 2-9 の結果を満たすようにモジュール $m_2 = 4$ と仮定し，歯車 G_3 と G_4 の諸寸法を求めると，表 2-1 のようになる。

表中の値を用いて，以下の手続きで曲げ応力 σ_F [MPa] を求め，$\sigma_F < \sigma_{F\lim}$ ($= 206$ MPa) を満たすことを確認する。

表 2-1 歯車 G_3, G_4 の諸寸法

名称	G_3	G_4
基準円直径 d [mm]	$d_3 = m_2 z_3 = 4 \times 14 = 56$	$d_4 = m_2 z_4 = 4 \times 53 = 212$
歯先円直径 d_a [mm]	$d_{a_3} = m_2(z_3 + 2)$ $= 4 \times (14 + 2) = 64$	$d_{a_4} = m(z_4 + 2)$ $= 4 \times (53 + 2) = 220$
基礎円直径 d_b [mm]	$d_{b_3} = d_3 \cos\alpha$ $= 56 \times \cos 20° = 52.62$	$d_{b_4} = d_4 \cos\alpha$ $= 212 \times \cos 20° = 199.21$
中心距離 a [mm]	$a_2 = \dfrac{d_3 + d_4}{2} = \dfrac{56 + 212}{2} = 134$	

26 第 2 章 歯車減速装置

(1) 周速度 v および円周力 F_t

式3-26 [9] より，周速度 $v\,[\mathrm{m/s}]$ は次のようになる。

$$v = r\omega = \frac{\pi d_3 N_3}{60 \times 10^3} = \frac{\pi \times 56 \times 300.9}{60 \times 10^3} = 0.882\ \mathrm{m/s} \quad (2\text{--}10)$$

式3-51 [9] より，円周力 $F_t\,[\mathrm{N}]$ は次のようになる。

$$F_t = \frac{P}{v} = \frac{5.5 \times 10^3}{0.882} = 6.24 \times 10^3\ \mathrm{N} \quad (2\text{--}11)$$

(2) 歯形係数 Y_F

図9-20 より，歯数 $z_3 = 14$，転位係数 $x = 0$ として，$Y_F = 3.2$ が読みとれる。

(3) かみあい率 ε_α，荷重分配係数 Y_ε

式9-7 [13] より，ε_α は次のようになる。

$$\varepsilon_\alpha = \frac{\sqrt{d_{\alpha_3}{}^2 - d_{b_3}{}^2} + \sqrt{d_{\alpha_4}{}^2 - d_{b_4}{}^2} - 2a\sin\alpha}{2\pi m_n \cos\alpha_n}$$

$$= \frac{\sqrt{64^2 - 52.62^2} + \sqrt{220^2 - 199.21^2} - 2 \times 134 \times \sin 20°}{2\pi \times 4 \times \cos 20°}$$

$$= 1.61 \quad (2\text{--}12)$$

式9-31 [14] より，Y_ε は次のようになる。

$$Y_\varepsilon = \frac{1}{\varepsilon_\alpha} = \frac{1}{1.614} = 0.619 \quad (2\text{--}13)$$

(4) ねじれ角係数 Y_β

式9-32 [15] より，平歯車であるため，Y_β は次のようになる。

$$\beta = 0° \text{ より} \quad Y_\beta = 1 - \frac{\beta}{120} = 1 \quad (2\text{--}14)$$

(5) 動荷重係数 K_V

表9-5 [16] より $K_V = 1.25$

(6) 過負荷係数 K_O

表9-6 [17] より $K_O = 1.25$

(7) 安全率 S_F

$S_F = 1.2$ とする。

式9-26 [6] より，曲げ応力 $\sigma_F\,[\mathrm{MPa}]$ は次のように求められる。

$$\sigma_F = \frac{F_t}{m_2 b} Y_F Y_\varepsilon Y_\beta K_V K_O S_F$$

$$= \frac{6.24 \times 10^3}{4 \times 40} \times 3.2 \times 0.619 \times 1 \times 1.25 \times 1.25 \times 1.2$$

$$= 145\ \mathrm{MPa} \quad (2\text{--}15)$$

以上より曲げ応力 σ_F は求められ，許容応力以下であることが確認できる。この σ_F が $\sigma_{F\,\mathrm{lim}}$ よりも大きくなる場合は，さらに，モジュール

【13】 式9-7

$$\varepsilon_\alpha = \frac{l}{P_b}$$

$$= \frac{\sqrt{r_{a_1}{}^2 - r_{b_1}{}^2} + \sqrt{r_{a_2}{}^2 - r_{b_2}{}^2} - a\sin\alpha}{\pi m_n \cos\alpha_n}$$

ここで，l はかみあい長さ，P_b は基礎円ピッチである。

【14】 式9-31

$$Y_\varepsilon = \frac{1}{\varepsilon_\alpha}$$

【15】 式9-32

$$Y_\beta = 1 - \frac{\beta}{120}$$

【16】 動荷重係数

表9-5 において，線荷重 $f_u\,[\mathrm{N/mm}]$，換算速度 $V\,[\mathrm{m/s}]$ は 表9-5注b), c) より，次の通りである。

$$f_u = \frac{F_t \cdot K_O}{b}$$

$$= \frac{6.24 \times 10^3 \times 1.25}{10 \times 4}$$

$$= 195\ \mathrm{N/mm}$$

$$V = \frac{z_3 v}{100} \sqrt{\frac{i^2}{i^2 + 1}}$$

$$= \frac{14 \times 0.882}{100} \sqrt{\frac{3.79^2}{3.79^2 + 1}}$$

$$= 0.119\ \mathrm{m/s}$$

歯車精度等級 JIS1702-2，線荷重は「軽荷重」，換算速度は，「低 0.2」の条件より，動荷重係数 $K_V = 1.25$ とする。

【17】 過負荷係数

表9-6 より，均一負荷，中程度の衝撃より，過負荷係数 $K_O = 1.25$

2-2 歯車基本事項の設計　**27**

の設定あるいは，歯車の幅を変更する必要がある。

**面圧強度による
モジュール検討**　　　付表9-3[11] より S43C 焼きならし，歯面高周波 焼入れ歯車 $HV = 540$ で許容面圧力 $\sigma_{H\lim}$ は 900 MPa であり，S45C 材でも，これに準ずるものとし，$\sigma_H[\mathrm{MPa}]$ がこれより小さくならなければならない。

　以下の手順で，$\sigma_H[\mathrm{MPa}]$ を求め，許容面圧力 $\sigma_{H\lim}$ を満たすことを確認する。

(1) 速度伝達比（歯数比）i

　式9-21[4] より，速度伝達比 i は次のようになる。

$$i = \frac{z_4}{z_3} = \frac{53}{14} = 3.79 \tag{2-16}$$

(2) 領域係数 Z_H

[18] 式9-35
$$Z_H = \frac{1}{\cos\alpha_{ns}}\sqrt{\frac{2\cos\beta_g}{\tan\alpha_s}}$$

　式9-35[18] より，領域係数 Z_H は次のようになる。

$$Z_H = \frac{1}{\cos\alpha_{ns}}\sqrt{\frac{2\cos\beta_g}{\tan\alpha_s}} = \frac{1}{\cos 20°}\sqrt{\frac{2\cos 0°}{\tan 20°}} = 2.49 \tag{2-17}$$

(3) 材料定数係数 Z_M

[19] 式9-37
$$Z_M = \sqrt{\frac{1}{\pi\left(\dfrac{1-\nu_3^2}{E_3}+\dfrac{1-\nu_4^2}{E_4}\right)}}$$

ここで，構造用鋼のヤング率 $E = 206\,\mathrm{GPa}$，ポアソン比 $\nu = 0.3$ とする。
ここでは，表9-7 に沿って 189.8 とする。

　表9-7 もしくは 式9-37[19] より，材料定数係数 $Z_M[\sqrt{\mathrm{MPa}}]$ は次のようになる。

$$Z_M = \sqrt{\frac{1}{\pi\left(\dfrac{1-0.3^2}{206\times10^3}+\dfrac{1-0.3^2}{206\times10^3}\right)}} = 189.8\,\sqrt{\mathrm{MPa}} \tag{2-18}$$

(4) かみあい率係数 Z_ε

　9-4-2項 より平歯車であるため，$Z_\varepsilon = 1.0$ とする。

(5) 歯すじ荷重分布係数 $K_{H\beta}$

[20] 歯すじ荷重分布係数
　一方の軸受に近く，軸のこわさ大において
　$b/d = 0.6$ の場合
　$K_{H\beta} = 1.2$
　$b/d = 0.8$ の場合
　$K_{H\beta} = 1.3$ より
　$b/d_3 = 0.71$
であるので線形補間し
　$K_{H\beta} = 1.25$
とする。

　表9-8[20] より $\dfrac{b}{d_3} = \dfrac{10\,m}{14\,m} = \dfrac{10}{14} = 0.714, K_{H\beta} = 1.25$ とする。

(6) 動荷重係数 K_V および過負荷係数 K_O

　表9-5[16]，表9-6[17] より $K_V = 1.25$，$K_O = 1.25$ とする。

　以上より，モジュール m_2 に曲げ応力から求めた値（$m_2 = 4$ 以上）を適用し，その際のヘルツ応力 式9-34[7] $\sigma_H[\mathrm{MPa}]$ を求め，$\sigma_{H\lim} = 900\,\mathrm{MPa}$ 以下となるような，モジュールを選定する。

■ モジュール $m_2 = 4$ にした場合　$d_3 = 5\,\mathrm{mm}$

　式3-26[9] より，周速度 $v[\mathrm{m/s}]$ は次のようになる。

$$v = r\omega = \frac{\pi d_3 N_3}{60\times10^3} = \frac{\pi\times56\times301}{60\times10^3} = 0.882\,\mathrm{m/s} \tag{2-19}$$

　式3-51[9] より，円周力 $F_t[\mathrm{N}]$ は次のようになる。

$$F_t = \frac{P}{v} = \frac{5.5 \times 10^3}{0.882} = 6.24 \times 10^3 \,\text{N} \qquad (2\text{-}20)$$

式9-34 [7] より，ヘルツ応力 σ_H[MPa] は次のように求められる。

$$\sigma_H = \sqrt{\frac{6.24 \times 10^3}{56 \times 40} \times \frac{3.79+1}{3.79}} \times 2.49 \times 189.8 \times 1.0 \sqrt{1.25 \times 1.25 \times 1.25} \times 1.2$$

$$= 1.49 \times 10^3 \,\text{MPa} \qquad (2\text{-}21)$$

■ モジュール $m_2 = 5$ にした場合　$d_3 = 70\,\text{mm}$

式3-26 [9] より，周速度 v[m/s] は次のようになる。

$$v = r\omega = \frac{\pi d_3 N_3}{60 \times 10^3} = \frac{\pi \times 70 \times 301}{60 \times 10^3} = 1.10 \,\text{m/s} \qquad (2\text{-}22)$$

式3-51 [9] より，円周力 F_t[N] は次のようになる。

$$F_t = \frac{P}{v} = \frac{5.5 \times 10^3}{1.10} = 5.0 \times 10^3 \,\text{N} \qquad (2\text{-}23)$$

式9-34 [7] より，ヘルツ応力 σ_H[MPa] は次のように求められる。

$$\sigma_H = \sqrt{\frac{5.0 \times 10^3}{70 \times 50} \times \frac{3.79+1}{3.79}} \times 2.49 \times 189.8 \times 1.0 \sqrt{1.25 \times 1.25 \times 1.25} \times 1.2$$

$$= 1.07 \times 10^3 \,\text{MPa} \qquad (2\text{-}24)$$

■ モジュール $m_2 = 6$ にした場合　$d_3 = 84\,\text{mm}$

式3-26 [9] より，周速度 v[m/s] は次のようになる。

$$v = r\omega = \frac{\pi d_3 N_3}{60 \times 10^3} = \frac{\pi \times 84 \times 301}{60 \times 10^3} = 1.32 \,\text{m/s} \qquad (2\text{-}25)$$

式3-51 [9] より，円周力 F_t[N] は次のようになる。

$$F_t = \frac{P}{v} = \frac{5.5 \times 10^3}{1.32} = 4.17 \times 10^3 \,\text{N} \qquad (2\text{-}26)$$

式9-34 [7] より，ヘルツ応力 σ_H[MPa] は次のように求められる。

$$\sigma_H = \sqrt{\frac{4.17 \times 10^3}{84 \times 60} \times \frac{3.79+1}{3.79}} \times 2.49 \times 189.8 \times 1.0 \sqrt{1.25 \times 1.25 \times 1.25} \times 1.2$$

$$= 811 \,\text{MPa} \qquad (2\text{-}27)$$

以上の結果，許容面圧力 $\sigma_{H\lim} = 900\,\text{MPa}$ 以下となるモジュールは，$m_2 = 6$ である。

したがって，$m_1 = 5$，$m_2 = 6$ と仮定する。

2-2-4 中心距離の検討

歯車 G_1 と歯車 G_2 との中心距離を a_1，歯車 G_3 と歯車 G_4 との中心距離を a_2 とし，a_1 と a_2 との差 Δa が転位させて補正できるのは，1 モジュール以内であると考えてよい。したがって，1 モジュール以内の差になるように，歯数を調整する[2]。

歯車 G_1 と歯車 G_2 との中心間距離 a_1[mm] は 表9-3 [2] より次のよ

うになる。

$$a_1 = \frac{m_1(z_1 + z_2)}{2} = \frac{5(14 + 67)}{2} = 202.5 \, \text{mm} \qquad (2\text{-}28)$$

同様に歯車 G_3 と歯車 G_4 との中心間距離 $a_2[\text{mm}]$ は次のようになる。

$$a_2 = \frac{m_2(z_3 + z_4)}{2} = \frac{6(14 + 53)}{2} = 201 \, \text{mm} \qquad (2\text{-}29)$$

これらの値より a_1 と a_2 との差 Δa は次のようになる。

$$\Delta a = a_1 - a_2 = 202.5 - 201 = 1.5 \, \text{mm} \qquad (2\text{-}30)$$

この結果から，仮定していた，$z_1 = 14$ 枚，$z_2 = 67$ 枚，$z_3 = 14$ 枚，$z_4 = 53$ 枚により，G_3, G_4 を正転位させることで，中心距離をそろえることができることを確認できた。この Δa が 1 モジュール以上であった場合，歯数の再検討をする必要がある。

2–3 軸の強度計算

軸Ⅰ，軸Ⅲに関しては，軸が短いため，曲げによる影響は少ない。したがって，ねじりモーメントだけが作用していると考えて，軸径を決定する。また，軸Ⅱに関しては，軸長があるため，曲げモーメントとねじりモーメントが作用している軸として軸径を決定する。この際，歯車の幅，軸受幅，オイルシールの幅などを考慮し，図 2-5 に示すように，軸の長さ L_1, L_2, L_3 を仮定する。

軸の破壊は最大せん断応力説に従うものとし，許容せん断応力 τ_a [MPa] は，安全率 $S_f = 2.0$ とし，極限強さ σ_b [MPa] あるいは，弾性限度 σ_e [MPa] から次式の小さい方の値とする（表 2-2 参照）。軸材料を S45C（JIS G 4051 解説 図 3 S45C の焼ならし後の機械的性質参照）とする。

極限強さ $\sigma_b = 560 \, \text{MPa}$ より許容せん断応力 τ_a [MPa] は次のようになる。

$$\tau_a = \frac{0.18\sigma_b}{S_f} = \frac{0.18 \times 560}{2.0} = 50.4 \, \text{MPa} \qquad (2\text{-}31)$$

弾性限度 $\sigma_e = 350 \, \text{MPa}$ より許容せん断応力 τ_a [MPa] は次のようになる。

$$\tau_a = \frac{0.3\sigma_e}{S_f} = \frac{0.3 \times 350}{2.0} = 52.5 \, \text{MPa} \qquad (2\text{-}32)$$

両者の小さい値を許容せん断応力 τ_a [MPa] とすべきであるため，この場合，$\tau_a = 50.4 \, \text{MPa}$ として設計を進める。

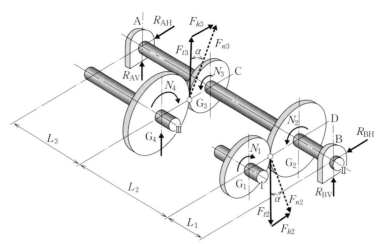

図2-5 歯車減速機の全体の荷重状態

表2-2 軸の設計における許容応力

(機械工学便覧β4-32)

設計基準	許容応力 τ_a, σ_a	
	キー溝なし	キー溝付き
(a) 最大せん断応力説	$\tau_a = 55$ MPa または，$0.3\sigma_e$ と $0.18\sigma_B$ の小さい方の値	(キー溝なしの許容応力) × 0.75
(b) 最大主応力説	$\sigma_a = 110$ MPa または，$0.6\sigma_e$ と $0.36\sigma_B$ の小さい方の値	(キー溝なしの許容応力) × 0.75

2-3-1 入力軸（軸Ⅰ）の最小軸径

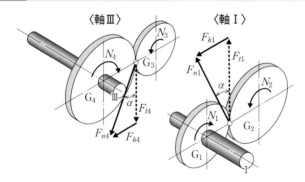

図2-6 軸Ⅰ，軸Ⅲの荷重状態

軸Ⅰの軸トルクは，動力 P [kW]，回転数 N_1 [min^{-1}] から 式7-4 [21] より，次のように計算できる。

$$T_1 = \frac{60P \times 10^6}{2\pi N_1} = \frac{60 \times 5.5 \times 10^6}{2\pi \times 1440} = 3.65 \times 10^4 \text{ N·mm}$$

(2-33)

また，図2-6に示す軸Ⅰの円周力 F_{t1} [N] および F_{n1} [N] は，次式から得ることができる[11]。

[21] 式7-4

$$T = \frac{60P}{2\pi N} \times 10^6 \text{ [N·mm]}$$

$$F_{t1} = \frac{P \times 10^3}{v} = \frac{P \times 10^6}{\dfrac{\pi D_1 N_1}{60}} = \frac{5.5 \times 10^6 \times 60}{\pi(14 \times 5) \times 1440} = 1.05 \times 10^3 \text{ N}$$

$$(2\text{--}34)$$

$$F_{n1} = \frac{F_{t1}}{\cos\alpha} = \frac{1.05 \times 10^3}{\cos 20°} = 1.12 \times 10^3 \text{ N} \qquad (2\text{--}35)$$

軸トルクから軸Ⅰの最小軸径は，$\boxed{\text{式7--6}}$ [22] より，次のように求められる。

[22] $\boxed{\text{式7--6}}$

$$d \geqq \sqrt[3]{\dfrac{16T}{\pi\tau_a}}$$
$$= 1.72\sqrt[3]{\dfrac{T}{\tau_a}} \text{ [mm]}$$

$$d_1 = \sqrt[3]{\frac{16T_1}{\pi\tau}} = \sqrt[3]{\frac{16 \times 3.65 \times 10^4}{\pi \times 50.4}} = 15.5 \text{ mm} \qquad (2\text{--}36)$$

最小軸径は，この寸法にキー溝を考慮して決定しなければならない。ここでは，電動機の回転軸径が38 mm（JIS C 4210参照）であるため，それとの接合にフランジ形軸継手を用いることを前提に，$\boxed{\text{付表7--4}}$ フランジ形固定軸継手）の適合する軸径（参考）から，継手外径160 mmを使用することとし，その軸径最小値（参考値25 mm）と，最小軸径計算値にキー溝を考慮し，28 mmとする。付図2--4に示すように，入力軸の軸継手取り付け部の軸径をϕ28 mmと決定し，これを基準としてオイルシール部の軸径ϕ30 mm，軸受部軸径ϕ35 mmとする。

2-3-**2** 出力軸（軸Ⅲ）の最小軸径

出力軸の軸トルク T_4 [N·mm] は動力 P [kW]，回転数 N_4 [min^{-1}] より，次式で求められる。

$\boxed{\text{式7--4}}$ [21] より，

$$T_4 = \frac{60 \times P \times 10^6}{2\pi N_4} = \frac{60 \times 5.5 \times 10^6}{2\pi \times 79.5} = 6.61 \times 10^4 \text{ N·mm} \quad (2\text{--}37)$$

また，出力軸の円周力 F_{t4} [N] は次式から求めることができる[9]。

$$F_{t4} = \frac{P \times 10^6}{v} = \frac{P \times 10^6}{\dfrac{\pi D_4 N_4}{60}} = \frac{5.5 \times 10^6 \times 60}{\pi(53 \times 6) \times 79.5} = 4.16 \times 10^3$$

$$(2\text{--}38)$$

図2--5より，

$$F_{n4} = \frac{F_{t4}}{\cos\alpha} = \frac{4.16 \times 10^3}{\cos 20°} = 4.43 \times 10^3 \text{ N} \qquad (2\text{--}39)$$

軸トルクより，出力軸の最小軸径 d_4 [mm] は，$\boxed{\text{式7--6}}$ [22] より，次のように求められる。

$$d_4 = \sqrt[3]{\frac{16T_4}{\pi\tau}} = \sqrt[3]{\frac{16 \times 660.8 \times 10^3}{\pi \times 50.4}} = 40.6 \text{ mm} \qquad (2\text{--}40)$$

したがって，キー溝（14 × 9のキー：キー溝深さ5.5 mm $\boxed{\text{付表7--2}}$）を考慮し，出力軸の最小軸径を48 mmとする。出力軸の軸継手取り付け部の軸径ϕ48 mmと決定し，これを基準として，オイルシール部の軸径を

$\phi50\,\mathrm{mm}$,軸受部の軸径を$\phi55\,\mathrm{mm}$,大歯車取り付け部の軸径を$\phi60\,\mathrm{mm}$とそれぞれ決定する。

2-3-3 中間軸(軸Ⅱ)の最小軸径

軸Ⅱの軸径は,軸トルクと曲げモーメントを考慮し計算するため,軸の長さ寸法をある程度想定して設計を進める必要がある。軸Ⅱの長さ寸法を決めるために,軸Ⅰおよび軸Ⅲの軸径から,その使用する軸受の幅等を想定し,図2-7のような検討図を作成する。この検討図から,荷重点寸法L_1,L_2,およびL_3を仮定し中間軸の軸径を決定する。$L_1 = 50\,\mathrm{mm}$,$L_2 = 150\,\mathrm{mm}$,$L_3 = 60\,\mathrm{mm}$として,計算を進める。

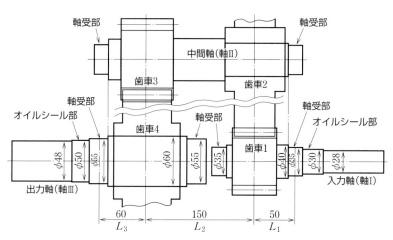

図2-7 入力軸(軸Ⅰ),出力軸(軸Ⅲ)の検討図例

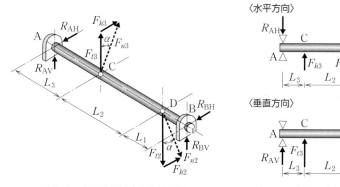

図2-8 中間軸(軸Ⅱ)の荷重状態　　図2-9 水平・垂直方向分力

中間軸に作用する力は,図2-8のように垂直方向から圧力角αの方向へ向く。このため,図2-9のように水平・垂直方向に分けてその曲げモーメント$M_C\,[\mathrm{N \cdot m}]$,$M_D\,[\mathrm{N \cdot m}]$を計算する。

点Dに作用する力は式2-34,式2-35より次のようになる。

$$F_{t2} = F_{t1} = 1.05 \times 10^3\,\mathrm{N} \qquad (2\text{-}41)$$

$$F_{n2} = F_{n1} = 1.12 \times 10^3 \, \text{N} \tag{2-42}$$

図 2-8 より,

$$F_{h2} = F_{n2} \sin\alpha = 1.12 \times 10^3 \times \sin 20° = 3.83 \times 10^2 \, \text{N} \tag{2-43}$$

となる。

同様に点 C に作用する力は次のように得られる。

式 2-38, 式 2-39 より

$$F_{t3} = F_{t4} = 4.16 \times 10^3 \, \text{N} \tag{2-44}$$

$$F_{n3} = F_{n4} = 4.43 \times 10^3 \, \text{N} \tag{2-45}$$

となり, 図 2-8 より,

$$F_{h3} = F_{n3} \sin\alpha = 4.43 \times 10^3 \times \sin 20° = 1.52 \times 10^3 \, \text{N} \tag{2-46}$$

が求められる。これら F_{t2}[N], F_{t3}[N], F_{h2}[N], F_{h3}[N] より, 水平・垂直方向の反力をそれぞれ計算する。

図 2-8 より,

$$R_{\text{AH}} = \frac{F_{h3}(L_2 + L_1) + F_{h2}L_1}{L_3 + L_2 + L_1} = 1.24 \times 10^3 \, \text{N} \tag{2-47}$$

$$R_{\text{AV}} = \frac{F_{t2}L_1 - F_{t3}(L_2 + L_1)}{L_3 + L_2 + L_1} = -3.00 \times 10^3 \, \text{N} \tag{2-48}$$

$$R_{\text{BH}} = \frac{F_{h3}L_3 + F_{h2}(L_3 + L_2)}{L_3 + L_2 + L_1} = 6.69 \times 10^2 \, \text{N} \tag{2-49}$$

$$R_{\text{BV}} = \frac{F_{t2}(L_3 + L_2) - F_{t3}L_3}{L_3 + L_2 + L_1} = -1.12 \times 10^2 \, \text{N} \tag{2-50}$$

図 2-8 より, 水平・垂直方向の曲げモーメント M_{C}[N·mm] と M_{D} [N·mm] は,

$$R_{\text{A}} = \sqrt{R_{\text{AH}}{}^2 + R_{\text{AV}}{}^2} = 3.25 \times 10^3 \, \text{N} \tag{2-51}$$

$$R_{\text{B}} = \sqrt{R_{\text{BH}}{}^2 + R_{\text{BV}}{}^2} = 6.69 \times 10^2 \, \text{N} \tag{2-52}$$

【23】 式 3-7
$$M = F \cdot r \, [\text{N·m}]$$

となり, 式 3-7 [23] より,

$$M_{\text{C}} = R_{\text{A}} L_3 = 3.25 \times 10^3 \times 60 = 1.95 \times 10^5 \, \text{N·mm} \tag{2-53}$$

$$M_{\text{D}} = R_{\text{B}} L_1 = 6.69 \times 10^2 \times 50 = 3.35 \times 10^4 \, \text{N·mm} \tag{2-54}$$

となる。最大曲げモーメントは C 点に作用することがわかる。また, 軸トルク T_2[N·mm] は次のとおりとなる。

$$T_2 = \frac{60 \times P \times 10^6}{2\pi N_2} = \frac{60 \times 5.5 \times 10^6}{2\pi \times 301} = 1.75 \times 10^5 \, \text{N·mm} \tag{2-55}$$

【24】 式 7-15
$$T_e = \sqrt{\left(M + \frac{Z_p W}{2A}\right)^2 + T^2}$$
$$[\text{N·mm}]$$
軸方向の荷重: $W = 0$
したがって
$$T_e = \sqrt{M^2 + T^2} \, [\text{N·mm}]$$

相当ねじりモーメント T_e[N·mm] は 式 7-15 [24] より, 次のとおりとなる。

$$T_e = \sqrt{M_{\text{C}}{}^2 + T_2{}^2} = \sqrt{(1.95 \times 10^5)^2 + (1.75 \times 10^5)^2} = 2.62 \times 10^5 \, \text{N·mm} \tag{2-56}$$

軸径 d_2 [mm] は 式7-6 [22] より，次のとおりとなる．

$$d_2 = \sqrt[3]{\frac{16T_e}{\pi\tau}} = \sqrt[3]{\frac{16 \times 2.54 \times 10^5}{\pi \times 50.4}} = 29.8 \text{ mm} \quad (2\text{-}57)$$

中間軸の最小軸径を 30 mm 以上とするよう，付図 2-6 のように，中間軸の両端軸受部を 35 mm とし，大歯車の取り付け部軸径を φ40mm，中間部 φ50 mm と順次決定する．

2-4 軸受の選定

軸受には，単列深溝玉軸受を選定し，寿命は，運転時間（1 日 8 時間 × 週 5 日 × 52 週 × 10 年間 → 2.1×10^4 時間），$L_h = 21000$ 時間とする．

2-4-1 入力軸（軸Ⅰ）の軸受

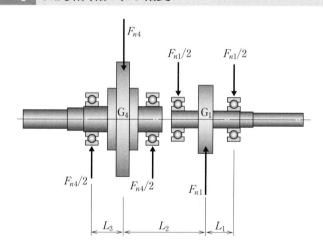

図 2-10 軸Ⅰ，Ⅲの軸受に作用する荷重

平歯車列において，スラスト荷重はゼロとなるため，入力軸の軸受には，その反力 $\frac{F_{n1}}{2}$ が作用するものとして考える．この際，歯車係数 f_z，機械係数 f_d を考慮し，軸受負荷 F [N] は次式より得られる [25]．

$$F = f_z f_d \frac{F_{n1}}{2} = 1.2 \times 1.1 \times \frac{1.12 \times 10^5}{2} = 7.40 \times 10^2 \text{ N} \quad (2\text{-}58)$$

基本定格寿命 L_{10} [回転] は 式8-13 [26] により求められ，必要な基本動定格荷重 C [N] は次式で計算できる．

$$C = L_{10}^{1/3} F = \left(\frac{L_h \times N_1 \times 60}{10^6}\right)^{1/3} F$$

$$= \left(\frac{21000 \times 1440 \times 60}{10^6}\right)^{1/3} \times 7.40 \times 10^2 = 9.03 \times 10^3 \text{ N} \quad (2\text{-}59)$$

【25】軸受負荷
$F = f_z f_d R$
f_z：歯車係数
f_d：機械係数
（衝撃係数，荷重係数ともいわれる）
f_z は，精度に応じて 1.05 ～ 1.3，f_d は衝撃の小中大に応じてそれぞれ 1 ～ 1.2，1.2 ～ 1.3，1.5 ～ 3.0 の値とする．

【26】 式8-13
$$L_{10} = \left(\frac{C}{F}\right)^{n_L}$$

この基本動定格荷重 $C\,[\mathrm{N}]$ の値を満足する軸受 6207（$C:25.7 \times 10^3\,\mathrm{N}$ 参考値）を選定する。

2-4-2 中間軸（軸Ⅱ）の軸受

中間軸においても，スラスト荷重はゼロとなるため，中間軸の軸受には，その反力 R_A，$R_\mathrm{B}\,[\mathrm{N}]$ が作用するものとして考える。式 2-51，式 2-52 より，反力 R_A，R_B は次のように求められる。

$$R_\mathrm{A} = \sqrt{R_{\mathrm{AH}}{}^2 + R_{\mathrm{AV}}{}^2} = 3.06 \times 10^3\,\mathrm{N}$$
$$R_\mathrm{B} = \sqrt{R_{\mathrm{BH}}{}^2 + R_{\mathrm{BV}}{}^2} = 1.33 \times 10^3\,\mathrm{N}$$

A 点，B 点ともに同じ軸受を使用するものとし，大きな荷重が作用する R_A により軸受寿命を計算する。入力軸の場合と同様に，歯車係数 f_z，機械係数 f_d を考慮し，軸受の負荷 $F\,[\mathrm{N}]$ を求める[25]。

$$F_2 = f_z f_d R_\mathrm{A} = 1.2 \times 1.1 \times 3.06 \times 10^3 = 4.04 \times 10^3\,\mathrm{N}$$
$$(2\text{-}60)$$

必要な基本動定格荷重 $C\,[\mathrm{N}]$ は式 2-59 と同様に次のとおりとなる。

$$C = L_{10}{}^{1/3}\,F = \left(\frac{L_h \times N_2 \times 60}{10^6}\right)^{1/3} F$$

$$= \left(\frac{21000 \times 301 \times 60}{10^6}\right)^{1/3} \times 4.04 \times 10^3 = 2.93 \times 10^4\,\mathrm{N} \quad (2\text{-}61)$$

この基本動定格荷重 $C\,[\mathrm{N}]$ の値を満足する軸受 6307（$C:33.5 \times 10^3\,\mathrm{N}$ 参考値）を選定する。

2-4-3 出力軸（軸Ⅲ）の軸受

出力軸においても，入力軸と同様に，スラスト荷重はゼロとし，出力軸の軸受にはその反力 $\dfrac{F_{n4}}{2}\,[\mathrm{N}]$ が作用するものとして計算する。歯車係数 f_z，機械係数 f_d を考慮し，軸受負荷 $F\,[\mathrm{N}]$ を求める[25]。

$$F_3 = f_z f_d \frac{F_{n4}}{2} = 1.2 \times 1.1 \times \frac{4.43 \times 10^4}{2} = 2.93 \times 10^3\,\mathrm{N}$$

$$(2\text{-}62)$$

式 2-59 と同様に基本動定格荷重 $C\,[\mathrm{N}]$ は次のとおりとなる[26]。

$$C = L_n{}^{1/3}\,F = \left(\frac{L_h \times N_4 \times 60}{10^6}\right)^{1/3} F$$

$$= \left(\frac{21000 \times 79.5 \times 60}{10^6}\right)^{1/3} \times 2.93 \times 10^3 = 1.36 \times 10^4\,\mathrm{N} \quad (2\text{-}63)$$

この基本動定格荷重 $C\,[\mathrm{N}]$ の値を満足する軸受 6211（$C:43.5 \times 10^3\,\mathrm{N}$ 参考値）を選定する。

36 第 2 章 歯車減速装置

2–5 | 歯車の詳細設計

2-5-1 転位歯車

第1段の歯車中心距離と第2段の歯車中心距離をそろえることを目的に歯車の転位計算を行う。

工具圧力角を α_n[°]，かみあい圧力角を α[°]，中心距離を a[mm]，転位前の中心距離を a_0[mm]，中心距離増加係数を y，中心距離移動量を ym[mm]，バックラッシを j_n[mm] とすると，バックラッシによる中心距離増加量 a_s[mm]，距離 a は次のようになる。

$$a_s = \frac{j_n}{2\sin\alpha} \ [\text{mm}] \tag{2-64}$$

$$a = a_0 + ym + a_s[\text{mm}] \tag{2-65}$$

バックラッシによる中心距離増加量 a_s[mm] をかみあい圧力角 α[°] により決定するため，バックラッシを考慮しない場合のかみあい圧力角を α'[°] として計算し，それを利用して近似値としての a_s[mm] を求める。そのバックラッシを考慮しない中心距離増加係数 y' は次のようになる。

$$y' = \frac{a - a_0}{m} \ [\text{mm}] \tag{2-66}$$

駆動歯車の歯数を z_1，従動歯車の歯数を z_2 とし，$\boxed{\text{式 9-14}}$[27] より，バックラッシを考慮しない場合のかみあい圧力角 α'[°] は次のように求めることができる。

$$\alpha' = \cos^{-1}\left(\frac{\cos\alpha_n}{\dfrac{2y'}{z_1 + z_2} + 1}\right) \ [°] \tag{2-67}$$

【27】 $\boxed{\text{式 9-14}}$

$$y = \frac{z_1 + z_2}{2}\left(\frac{\cos\alpha_n}{\cos\alpha} - 1\right)$$

式 2-64 で求めた中心距離増加量 a_s[mm] を用いて，式 2-65 よりバックラッシを考慮した中心距離増加係数 y を次のように計算する。

$$y = \frac{a - a_0 - a_s}{m} \ [\text{mm}] \tag{2-68}$$

ここで求めた中心距離増加係数 y を用いて，再度，かみあい圧力角 α[°] を計算する。

$$\alpha = \cos^{-1}\left(\frac{\cos\alpha_n}{\dfrac{2y}{z_1 + z_2} + 1}\right) \ [°] \tag{2-69}$$

このかみあい圧力角 α[°] を用いて，駆動歯車の転位係数を x_1，従動歯車の転位係数を x_2 として，その和を次のように求める。

$$x_1 + x_2 = \frac{(z_1 + z_2)(\text{inv}\,\alpha - \text{inv}\,\alpha_n)}{2\tan\alpha_n} \tag{2-70}$$

$$x_1 + x_2 = \frac{(z_1 + z_2)\{(\tan\alpha - \alpha) - (\tan\alpha_n - \alpha_n)\}}{2\tan\alpha_n} \quad (2\text{-}71)$$

この転位係数の和を振り分ければよいが，条件を与えられていない場合は，歯数の比に逆比例として転位係数 x_1, x_2 を次式のように振り分ける。

$$x_1 = \frac{x_1 + x_2}{z_1 + z_2} \times z_2 \quad (2\text{-}72)$$

$$x_2 = \frac{x_1 + x_2}{z_1 + z_2} \times z_1 \quad (2\text{-}73)$$

以上の導出方法を基に，2段目の歯車について転位を行い，モジュール $m_2 = 6$，転位前の中心距離 $a_0 = 201\,\mathrm{mm}$，転位後の中心距離 $a = 202.5\,\mathrm{mm}$，$z_1 = 14$ 枚，$z_2 = 53$ 枚，工具圧力角 $a_n = 20°$ の条件で転位歯車の寸法（転位係数 x_3, x_4）を次のように導出する。

1) バックラッシを考慮しないかみあい圧力角の導出

式 2-66 より，

$$y' = \frac{202.5 - 201}{6} = 0.25 \quad (2\text{-}74)$$

式 2-67 より，

$$\alpha' = \cos^{-1}\left(\frac{\cos 20°}{\dfrac{2 \times 0.25}{14 + 53} + 1}\right) = 21.135°\,\text{[28]} \quad (2\text{-}75)$$

【28】かみあい圧力角 α
この角度は転位量に影響するので，小数点以下3桁で表している。

2) バックラッシを考慮したかみあい圧力角，転位係数の導出

モジュール $m = 6$ におけるバックラッシ量 $j_n = 0.22\,\mathrm{mm}$[29] とする。
式 2-64 より，中心距離増加量 $a_s\,[\mathrm{mm}]$ を次のように求める。

$$a_s = \frac{0.22}{2\sin 21.135°} = 0.305\,\mathrm{mm} \quad (2\text{-}76)$$

【29】バックラッシ量
バックラッシ量 j_n は 表9-4 歯厚減少量を基に決定する。

中心距離増加係数 y は式 2-68 を用いて決定する。

$$y = \frac{202.5 - 201 - 0.305}{6} = 0.1992 \quad (2\text{-}77)$$

この中心距離増加係数 y を用いて，式 2-69 よりかみあい圧力角 α [°] は次のとおりとなる。

$$\alpha = \cos^{-1}\left(\frac{\cos 20°}{\dfrac{2 \times 0.1992}{14 + 53} + 1}\right) = 20.911° \quad (2\text{-}78)$$

【30】α [rad]
$\mathrm{inv}\,\alpha = \tan\alpha - \alpha$
この式の α（特に $-\alpha$）は単位を [rad] とする。また，その角度を小数点以下4桁とする。

このかみあい圧力角 α [rad][30] から転位係数 x_3, x_4 は，式 2-71 より，次式のように求められる。

$$x_3 + x_4 = \frac{(z_3 + z_4)\{(\tan\alpha - \alpha) - (\tan\alpha_n - \alpha_n)\}}{2\tan\alpha_n}$$

$$= \frac{(14 + 53)\{(\tan 0.3650 - 0.3650) - (\tan 0.3491 - 0.3491)\}}{2\tan 0.3491}$$

38 第2章 歯車減速装置

$$= 0.204 \tag{2-79}$$

また，x_3，x_4 は，式 2-72，式 2-73 より，次のようになる。

$$x_3 = \frac{0.204}{14 + 53} \times 53 = 0.161 \tag{2-80}$$

$$x_4 = \frac{0.204}{14 + 53} \times 14 = 0.043 \tag{2-81}$$

このように，付図 2-6 の中間軸と一体として製作する 2 段目小歯車の転位係数が 0.161，付図 2-7 の出力側大歯車の転位係数が 0.043 と計算される。

導出されたかみあい圧角力 α，中心距離増加係数 y，転位係数 x_3，x_4 を 式 9-16 から 式 9-20 [31] に適用し，歯先円直径 d_a[mm]，かみあいピッチ円直径 d_p[mm]，および，歯たけ h[mm] を計算する。

【31】 式 9-16 ～ 式 9-20

$$d_{a1} = (z_1 + 2) m + 2 (y - x_2) m$$
$$d_{a2} = (z_2 + 2) m + 2 (y - x_1) m$$
$$d_{p1} = \frac{z_1 m \cos \alpha_n}{\cos \alpha}$$
$$d_{p2} = \frac{z_2 m \cos \alpha_n}{\cos \alpha}$$
$$h = (2 + k) m - (x_1 + x_2 - y) m$$

頂げきパラメータ $k = 0.25$

$$\begin{aligned} d_{a3} &= (z_3 + 2) m_2 + 2 (y - x_4) m_2 \\ &= (14 + 2) \times 6 + 2 (0.1992 - 0.043) \times 6 = 97.88 \text{ mm} \end{aligned} \tag{2-82}$$

$$\begin{aligned} d_{a4} &= (z_4 + 2) m_2 + 2 (y - x_3) m_2 \\ &= (53 + 2) \times 6 + 2 (0.1992 - 0.161) \times 6 = 330.46 \text{ mm} \end{aligned} \tag{2-83}$$

$$d_{p3} = \frac{z_3 m_2 \cos \alpha_n}{\cos \alpha} = \frac{14 \times 6 \times \cos 20}{\cos 20.911} = 84.50 \text{ mm} \tag{2-84}$$

$$d_{p4} = \frac{z_4 m_2 \cos \alpha_n}{\cos \alpha} = \frac{53 \times 6 \times \cos 20}{\cos 20.911} = 319.89 \text{ mm} \tag{2-85}$$

$$\begin{aligned} h &= (2 + 0.25) m_2 - (x_3 + x_4 - y) m_2 \\ &= (2 + 0.25) \times 6 - (0.204 - 0.1992) \times 6 = 13.47 \text{ mm} \end{aligned} \tag{2-86}$$

歯車の諸寸法を表 2-3 に示す。

表 2-3　歯車 G_1，G_2，G_3，G_4 の諸寸法

名称・記号	歯車 G_1	歯車 G_2	歯車 G_3	歯車 G_4
モジュール m_n	5		6	
歯数 z	14	67	14	53
基準円直径 d[mm]	70	335	84	318
歯先円直径 d_a[mm]	80	345	97.88	330.46
歯底円直径 d_f[mm]	57.5	322.5	69	303
基礎円直径 d_b[mm]	65.79	314.80	78.93	298.82
歯たけ h[mm]	11.25		13.47	
歯幅 [mm]	54	50	64	60
転位係数 x	0		0.161	0.043
工具圧力角 α_n	20°			
かみあい圧力角 α	20°		20.911°	
中心間距離 a[mm]	202.5			

2-5　歯車の詳細設計　**39**

2-5-2 歯車の強度確認

歯車を転位することにより，曲げ応力を算出するための歯形係数 Y_F，および面圧強度による許容面圧力 $\sigma_{H\lim}$ を算出するための領域係数 Z_H が変化する。しかしながら，本設計においては，正転位を採用しているため，これによる強度低下はない。負転位させた場合には，再度歯形係数 Y_F を 図9-20 [10] から，領域係数 Z_H を 式9-35 [18] から求め，強度を確認する必要がある。

2-5-3 製図例

以上の結果より，設計値に基づいて作成した組立図を付図2-1，部品図を付図2-2から付図2-10に示す。また，参考として，設計した歯車減速装置の外観を図2-11に示す。

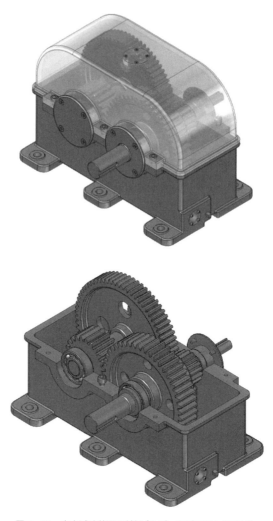

図2-11　歯車減速装置の外観（カバーを透明にして表示）

2-5 歯車の詳細設計　**41**

第3章 手巻きウインチ

■ この章のポイント ▶

手巻きウインチは，歯車，軸，制動装置などの多岐にわたる機械要素が用いられ，各機械要素における実践的な強度計算手法や要素選択の学びに適している。ここでは，2段の歯車減速機構によって大きな巻上げ荷重に耐えることができる機構の設計とその製図法について学習する。

① 歯車の強度計算
② 制動装置の制動力と強度計算
③ 軸の強度計算と選定
④ 手巻きウインチの機械製図

3-1 手巻きウインチの設計仕様

　手巻きウインチは巻胴にワイヤーロープを巻き付けていくことにより，重量物を目的の高さまで引き上げる機械である。図3-1にその概観を示す。

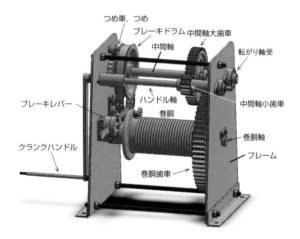

図3-1　手巻きウインチの概観

　ハンドルを手で回すと，ハンドル軸・中間軸を介し巻胴が回転する。ここでは，ハンドル軸から巻胴軸に動力を伝達するために，2段の歯車減速機構を使用しており，これにより巻胴に加わるトルクを増幅させることが可能となる。巻胴にはロープ取付け部を設け，巻胴寸法は目的の揚程を巻き付けられる長さとなっている。中間軸にはつめ車を設け，つめがつめ車に引っかかることで巻胴の逆回転が防止される。また，中間軸には制動装置を設置することで，荷物を下ろす際の制動が可能となる。
　手巻きウインチは，次の設計仕様を満たすこととする。

・巻上げ荷重：$W = 10\,\text{kN}$
・揚程：$L = 10\,\text{m}$
・形式：1人での巻上げ

　手巻きウインチの設計手順を図3-2に示す．まず，設計仕様の巻上げ荷重W，揚程Lからロープの選定と巻胴の大きさを決定し，歯車や軸などにかかる負荷を算出する．その後，歯車と各軸についての強度計算を行う．歯車減速機構の基本事項の設計については，曲げと面圧について検討を行い，各歯車対のモジュールを決定する．さらに，中間軸にかかるトルクを基に制動装置の制動力について検討を行う．

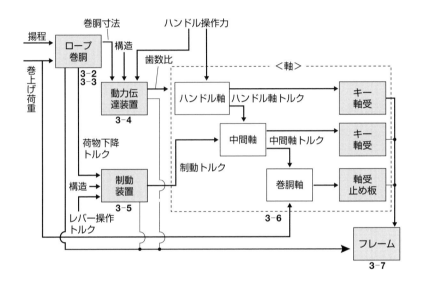

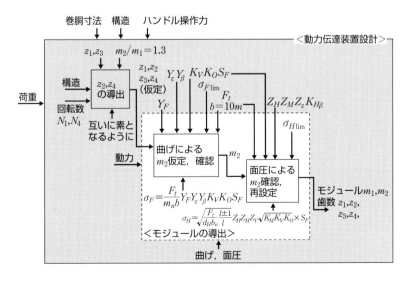

図3-2　手巻きウインチの設計手順

3-2 ワイヤーロープ

3-2-1 ワイヤーロープとその種類

図3-3に**ワイヤーロープ**の構成図を示す。ワイヤーロープは中央の**心綱**に複数の**ストランド**をよりあわせることで構成され，一つのストランドは複数の**素線**をよってつくられている[1]。よりあわせの構造のため柔軟性を示し，高張力にも耐えることができる。また，多数の素線（ストランド）より構成されることから，一つの素線が破断したとしても全体の破断が起こらない特徴をもつ[2]。現在，運搬，巻上げ・吊り下げ，支持等の目的でクレーンやエレベータ等の多くの機械において利用され，その役割を果たしている。

図3-4には一般的に使用されるロープの種類の一例を示す[3]。分類には，ストランドの数 × 素線の数で示される構成記号が使用される。なお，素線の数は一つのストランドにおける本数である。6 × 19では素線の直径が大きいため，引張強さは大きいが柔軟性に劣り，6 × 24ではストランドの中心に繊維が入っているため柔軟性には優れるが引張強さは小さい。6 × 37は素線の直径が小さいために柔軟性が高く，6 × 24よりも引張強さは大きい。

【1】心綱

心綱は合成繊維製であり，ロープの摩耗を防ぐことを目的に油やグリース塗布が行われている。素線は鋼製のものが使用される。

【2】ワイヤーロープの損傷

損傷として，素線の破断や摩耗，ロープのよりが戻った形崩れ（キンク），折れ曲がり等が挙げられ，これによってロープの破断荷重が大きく低下する。また，ワイヤーロープに張力が加わると，素線同士は接触した状態で引張られる。このとき，接触面では微小なすべりが発生することとなる。この微小すべりが摩耗等の表面損傷に影響を与えると考えられている。重大な事故を防ぐためには，定期的なロープの点検が重要となる。

【3】ロープの種類

JIS G 3525：2013を参照のこと。

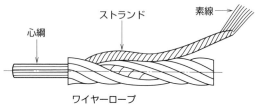 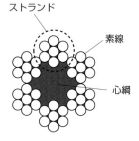

(a) ワイヤーロープの構造　　　　　　　(b) ロープ断面

図3-3　ワイヤーロープ

呼び	19本線6より	24本線6より	37本線6より
構成記号	6×19	6×24	6×37
断面			

図3-4　ワイヤーロープの種類（JIS G 3525：2013）

図3-5にはロープのより方を示す。ストランドのより方向とワイヤーロープのより方向が逆の場合を普通より、それらの方向が同じ場合をラングよりと

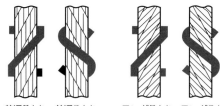

図3-5 ロープのより方（JIS G 3525：2013）

いい、よりの方向が左よりの場合をZより、その方向が右よりの場合をSよりという。一般的には、よりが強固で形崩れしにくく、キンク[2]も起こりにくいとの理由から、普通Zよりが用いられる。

ここでは、ワイヤーロープの種類として、6×37、普通Zより、を選定する。

【4】安全率

巻上げ装置、巻上げ用・吊下げ用ワイヤロープに関して、安全率は、各鉱山保安規則では、人用10以上、荷用6以上、労働安全衛生規則では6以上、クレーン等安全規則では6以上、ゴンドラ構造規格では10以上とそれぞれ定められている。

【5】破断荷重とロープ径の関係

6×19、6×24は、JIS G 3525：2013を参照のこと。

3-2-2 破断荷重

ワイヤーロープの**破断荷重** $Q[\text{kN}]$ の計算は、次式を用いて行う。

■ 破断荷重
$$Q = WS \quad [\text{kN}] \qquad (3\text{-}1)$$

ここで、$W[\text{kN}]$ は設計仕様で与えられる**巻上げ荷重**、S は**安全率**を示す。安全率 S は各種規格・規則により決められており、一般に6〜10以上の値が使用される[4]。

式3-1より、安全率 S は巻上げ用の6と設定すると、破断荷重 $Q[\text{kN}]$ は次のように求められる。
$$Q = W \cdot S = 10 \times 6 = 60 \text{ kN}$$

3-2-3 ロープ径

ワイヤーロープの直径（ロープ径）$d_w[\text{mm}]$ は、破断荷重に影響を与える。表3-1に、6×37における破断荷重 $Q[\text{kN}]$ とロープ径 $d_w[\text{mm}]$ の関係を示す[5]。設計の際は、式3-1で計算された破断荷重 $Q[\text{kN}]$ を満たすロープ径 $d_w[\text{mm}]$ をこの表から選定する[6]。

ロープ径 $d_w[\text{mm}]$ は、表3-1より、裸・めっきA種の 11.2 mm（$Q = 66.6$ kN）を選定する。

表3-1 ロープの破断荷重 6×37
（JIS G 3525：2013、旧 JIS 3525：1987 を基に作成）

ロープ径 d_w [mm]	破断荷重（破断力）[kN] 普通より めっきG種	裸・めっきA種
6	17.8	19.1
6.3*	19.6	21.1
8	31.6	34.0
9	40.0	43.0
10	49.4	53.1
11.2*	61.9	66.6
12	71.1	76.5
12.5*	77.1	83.0
14	96.7	104
16	126	136
18	160	172
20	197	212
22	239	257
22.4*	248	266
24	284	306
25*	308	332
26	334	359
28	387	416
30	444	478
32	505	544
36	640	688
37.5*	694	747
40	790	850
42.5*	892	959
44	956	1030
48	1140	1220
50*	1230	1330
52	1330	1440
56	1550	1670
60	1780	1910
63*	1960	2110

※ *は旧JIS規格を示す。
JIS G 3525（2013）では、A種は裸のみ取り扱う。

[6] 素線の種類

G種，A種は素線の種類を示し，それぞれ引張強さが異なる。各素線の公称引張強さは以下のとおりである（JIS B 3525 : 2013）。
- G種：1470 MPa
- A種：1620 MPa

また，表中のめっきは素線にめっき処理を施していること，裸はめっき未処理であることをそれぞれ示す。耐食性が求められる場合にはめっきを選択する。

[7] 3-3-3 で説明。

[8] ワイヤーロープ端の止め方

スプライス止め，グリップ止め以外に，止め金具を圧縮してワイヤーロープを固定する圧縮止めもある。

[9] シンブルの設計における注意点

呼び 10 では $2r_i = 11$ となり，溝部にロープ（ロープ径 $d_w = 11.2$）が入らなくなる。そのため，呼び 12 を選択する。

3-2-4 シンブル

ワイヤーロープの端部は図 3-6 のように，**シンブル**という金具にロープを巻き付け，ロープ同士を固定することで止められる（図ではスプライス止め，グリップ止めを示す）。シンブルを使用することで，ロープと止め金具[7] が直接接触せず，ロープの表面損傷が小さくなる。表 3-2 にはワイヤーロープ用シンブル A 型の寸法表を示す。設計の際は，ロープ径 d_w[mm] を基に，この表からシンブルの呼びを選定する[8]。

ここでは，ロープ径 $d_w = 11.2$ mm であるため，呼び 12 を選定する[9]。

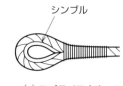

(a) スプライス止め

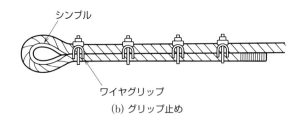

(b) グリップ止め

図 3-6 シンブルとロープの固定法

表3-2 シンブルの寸法（A型）（旧JIS B 2802：1958）

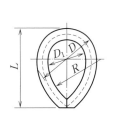
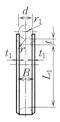

〔注〕被覆しないワイヤーロープに使用する。

呼び	B	D	D_1（最小）	L	L_1（最小）	R	r	r_1	t	t_1	適用するワイヤーロープの径 d_w
6	9	32	16	45	29	32	4.5	3.5	6	1	6.3
8	10	41	22	59	40	44	5	4.5	7	1	8
9	11	45	25	65	45	50	5.5	5	7	1	9
10	13	50	28	72	51	56	6.5	5.5	7	1.5	10
12	16	60	34	86	62	68	8	6.5	8	1.5	12.5
14	17	66	38	96	69	76	8.5	7.5	9	1.5	14
16	20	76	44	110	80	88	10	9	10	2	16
18	22	80	48	118	87	96	11	10	10	2	18
20	24	91	54	134	98	108	12	11	12	2	20
22	28	102	60	149	110	120	14	12	13	2.5	22.4
(24)	29	110	65	162	119	130	14.5	13	14	2.5	(24)
26	31	118	70	172	128	140	15.5	14	14	2.5	25 (26)
28	33	129	75	186	137	150	16.5	15	16	2.5	28
30	35	135	80	198	146	160	17.5	16.5	17	2.5	30
32	38	144	85	210	155	170	19	17.5	18	3	31.5 (32)
34	40	155	90	224	164	180	20	18.5	20	3	33.5 (34)
36	42	160	95	235	174	190	21	19.5	20	3	35.5 (36)
38	44	171	100	249	183	200	22	20.5	22	3	37.5
40	46	180	105	262	191	210	23	21.5	23	3	40
42	51	189	110	277	200	220	25.5	22.5	24	4	42.5
45	53	200	115	290	210	230	26.5	24	26	4	45
48	56	214	125	312	228	250	28	26	27	4	47.5
50	58	224	130	322	242	260	29	27	28	4	50
53	63	240	135	345	246	270	31.5	28	32	5	53
56	66	248	142	358	258	284	33	29.5	32	5	56
60	70	274	155	396	282	310	35	32.5	38	5	60
63	73	281	160	406	291	320	36.5	33.5	38	5	63

〔備考〕1. 呼びおよび適用するワイヤーロープの径にかっこをつけたものはなるべく用いない。
　　　　2. 端部の合わせ目は，指定のあった場合には溶接する。

3-3 巻胴

3-3-1 巻胴の形状，材質

図3-7に**巻胴**の概略図を示す。巻胴はワイヤーロープを巻き取っていくための筒であり，その直径や長さにより**揚程** L[m]（巻上げ高さ）が変化することとなる[10]。ロープを巻きつけるドラム部，および**巻胴歯車**を取り付ける**フランジ部**から構成され，ドラム部にはワイヤーロープ止め金具固定用ボルトのめねじ部，および止め金具差し込み部を設けている。一般に，巻胴の材質には鋳鉄や鉄鋼が使用される[11]。

ここでは，図3-7に示すように，ドラム部（鋼管）の両側にフランジ部を溶接したものを使用する。材質はSS400とし，ワイヤーロープは一重巻きとする。また，ワイヤーロープ止め金具は巻胴歯車取付け側の反対側に設けることとする。

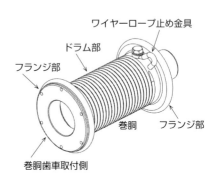

図3-7 巻胴

【10】巻胴の巻取り
ワイヤーロープを巻胴に二重に巻きつけること（二重巻き）も可能である。

【11】材質
鋳鉄ではFC150（引張強さ150 MPa），FC200（引張強さ200 MPa）等が用いられ，鋼材ではSS400製の鋼管（引張強さ400 MPa）等が使用される。

【12】C_m
その他の構成記号におけるC_mは機械設計便覧第3版を参照のこと。なお，C_mの値は対象とする機械の種類によって異なり，それらは関連する法規により定められている。例えば，エレベータ（エレベータ構造規格）では$C_m = 40$と大きく設定され，これによりロープの曲がりが小さくなり寿命が高まることとなる（ロープの曲がりが小さくなると，曲げ疲労による破断，ロープの形崩れ，摩耗の発生等が起こりにくくなる）。

3-3-2 巻胴の寸法，ロープの巻き数

図3-8に巻胴各部の寸法を示し，巻胴外径をD_d[mm]，巻胴直径（巻きつけられたロープの中心位置の直径）をD_{pitch}[mm]，ロープ径をd_w[mm]，巻胴の厚さをt_d[mm]とする。D_{pitch}[mm]，D_d[mm]は式3-2，式3-3で求められる。C_mは巻胴直径D_d[mm]とロープ径d_w[mm]の比であり，表3-3から求められる（クレーン用ロープの場合）[12]。

■ 巻胴直径

$$D_{pitch} = d_w C_m \ [\text{mm}] \quad (3\text{-}2)$$

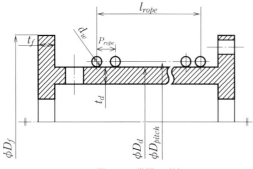

図3-8 巻胴の寸法

表3-3 各ロープにおけるC_m

構成記号	C_m
6×19	25
6×24	20
6×37	16

[機械設計便覧第3版（機械設計便覧編集委員会編，丸善，1992，817ページ）を基に作成］

■巻胴外径
$$D_d = D_{pitch} - d_w \ [\text{mm}] \tag{3-3}$$

巻胴直径，巻胴外径の各寸法は，表3-3より $C_m = 16$ とすると，式3-2，式3-3より，次のように求められる。

$$D_{pitch} = d_w \cdot C_m = 11.2 \times 16 = 180 \ \text{mm} \tag{3-4}$$
$$D_d = D_{pitch} - d_w = 180 - 11.2 = 168.8 \ \text{mm} \tag{3-5}$$

D_d は正確な寸法とするため，$D_d = 168.8 \ \text{mm}$ とする。

ロープの巻き数 n は巻胴直径 $D_{pitch}[\text{mm}]$ と揚程 $L[\text{m}]$ を用いて，式3-6より求められる。なお，n には3巻分の余裕を設けるため，3を足している[13]。また，巻胴のロープ間ピッチ $P_{rope}[\text{mm}]$，ロープ巻き付け長さ $l_{rope}[\text{mm}]$ は式3-7，式3-8より求められる。

【13】ロープの余裕

完全に下ろした場合（揚程に達した場合）でも，巻胴には3巻分だけロープが巻き付けられた状態となる。これによりロープ取付け部に直接荷重が加わることを防ぐことができる。

■ロープの巻き数
$$n = \frac{1000 \times L}{D_{pitch} \times \pi} + 3 \tag{3-6}$$

■ロープ間ピッチ
$$P_{rope} = d_w + 2 \ [\text{mm}] \tag{3-7}$$

■ロープ巻き付け長さ
$$l_{rope} = n \cdot P_{rope} \ [\text{mm}] \tag{3-8}$$

ロープの巻き数 n は式3-6より次のように求められる。

$$n = \frac{1000 \times L}{D_{pitch} \times \pi} + 3 = \frac{1000 \times 10}{180 \times \pi} + 3 = 20.7 \tag{3-9}$$

必要な巻き数を確保するため，$n = 21$ とする。

また，巻胴のロープ間ピッチ $P_{rope}[\text{mm}]$，ロープ巻き付け長さ $l_{rope}[\text{mm}]$ は式3-7，式3-8よりそれぞれ求められる。

$$P_{rope} = d_w + 2 = 11.2 + 2 = 13.2 \ \text{mm} \tag{3-10}$$
$$l_{rope} = n \cdot P_{rope} = 21 \times 13.2 = 277 \ \text{mm} \tag{3-11}$$

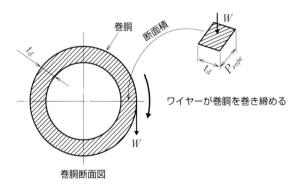

図3-9　巻胴に加わる周方向圧縮力

巻胴にワイヤーロープを巻き付けた際には，図3-9に示すようにワイヤーが巻胴を巻き締める力が加わる。したがって，巻胴部に圧縮力が

加わることとなり，これに耐えるように巻胴の厚さを設計する必要がある。巻胴の厚さを t_d[mm] とすると，ロープ間の1ピッチに加わる周方向圧縮応力（ワイヤーが巻胴を巻き締める応力）σ[MPa] は 式4-1 [14] より，式3-12で求められる。この式より，厚さ t_d[mm] は式3-13のように示される。ここで，σ_a[MPa] は材料の許容圧縮応力である。

【14】 式4-1

$$\sigma = \frac{W}{A} \ [\text{Pa}]$$

■ 周方向圧縮応力

$$\sigma = \frac{W}{P_{rope}\,t_d} \ [\text{MPa}] \tag{3-12}$$

■ 巻胴の厚さ

$$t_d = \frac{W}{P_{rope}\,\sigma_a} \ [\text{mm}] \tag{3-13}$$

SS400の許容圧縮応力 $\sigma_a = 60$ MPa とすると，巻胴厚さ t_d[mm] は式3-13より次のように求められる。

$$t_d = \frac{W}{P_{rope}\,\sigma_a} = \frac{10000}{13.2 \times 60} = 12.6 \text{ mm} \tag{3-14}$$

これより，$t_d = 13$ mm とする。巻胴のみぞ部の寸法は，ロープ径 d_w[mm] を基に表3-4から決定する。

表3-4 みぞ部寸法

[単位 mm]

d_w	r	P_{rope}	B	C
10	6.3	11.2	4	1
11.2	6.3	12.5	4	1.6
12.5	7.1	14	4.5	1.75
14	8	16	5	2
16	9	18	5.6	2.4
18	10	20	6.3	2.7
20	11.2	22.4	7.1	2.9
22.4	12.5	25	8	3.2
25	14	28	9	3.5
28	16	31.5	10	4
40	22.4	45	14	6
50	28	56	18	7
56	31.5	63	20	8

[JISにもとづく機械設計製図便覧第12版（津村・大西，オーム社，2016，11-70）を基に作成]

フランジ部の直径 D_f[mm]，厚さ t_f[mm] は，式3-15，3-16より求められる。

■ フランジ部の直径

$$D_f > D_{pitch} + 2 \times 3 \times d_w \ [\text{mm}] \tag{3-15}$$

■ フランジ部の厚さ

$$t_f = 2 \times d_w [\text{mm}] \tag{3-16}$$

フランジ部直径 D_f，厚さ t_f は式3-15，式3-16より次のように求められる。

$$D_f > D_{pitch} + 2 \times 3 \times d_w = 180 + 2 \times 3 \times 11.2 = 247 \text{ mm} \tag{3-17}$$

これより，$D_f = 250$ mm とする。

$$t_f = 2 \times 11.2 = 22.4 \text{ mm} \tag{3-18}$$

これより，$t_f = 24$ mm とする。

3-3-3 ワイヤーロープ止め金具

ワイヤーロープは図3-10に示すように，**止め金具にロープのシンブル部分を引っかけることにより固定する**。止め金具はドラムにボルトで固定されるとともに，片側の先端はドラムに差し込まれる。一般に，止め金具は鍛造により製作され，材質は炭素鋼鍛鋼品（SF390）等となる。以下に各部寸法の計算法を示す。

ロープに荷重 W[N] が加わると，止め金具の差し込み部には図3-11のようにせん断力 W[N] が加わる（せん断応力は 式4-4 [15] で示される）。差し込み部の直径を d_i[mm] とすると，そこに加わるせん断応力 τ[MPa] は式3-19で求められる。この式より，直径 d_i[mm] は式3-20のように示される。ここで，τ_a[MPa] は材料の許容せん断応力である。

【15】 式4-4
$$\tau = \frac{S}{A} \text{ [Pa]}$$

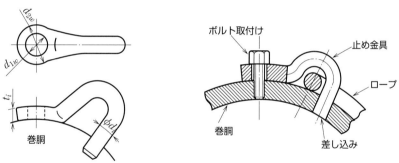

図3-10 止め金具

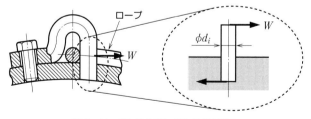

図3-11 差し込み部に加わるせん断力

■ 差し込み部に加わるせん断応力
$$\tau = \frac{W}{(\pi d_i^2 / 4)} \text{ [MPa]} \tag{3-19}$$

■ 差し込み部の直径
$$d_i = \sqrt{\frac{4W}{\pi \tau_a}} \text{ [mm]} \tag{3-20}$$

炭素鋼鍛鋼品 SF390 の許容せん断応力 $\tau_a = 56\,\mathrm{MPa}$ とすると，差し込み部の直径 $d_i[\mathrm{mm}]$ は式 3-20 より次のように求められる。

$$d_i = \sqrt{\frac{4W}{\pi \tau_a}} = \sqrt{\frac{4 \times 10000}{\pi \times 56}} = 15.1\,\mathrm{mm} \tag{3-21}$$

これより，$d_i = 16\,\mathrm{mm}$ とする。

取付け部のボルト径は差し込み部の直径 $d_i[\mathrm{mm}]$ がおねじの谷の径 $d_i = 16\,\mathrm{mm}$ であるため，付表5-1 からボルト径 M20 を選定する。

また，止め金具の直径 $d_{1w}[\mathrm{mm}]$，$d_{2w}[\mathrm{mm}]$ は平座金の寸法 付表6-3 よりボルト径を基に決定する。図 3-12 に示すように，金具部断面（断面積 $(d_{2w} - d_{1w}) \cdot t_i$）に荷重 $W[\mathrm{N}]$ が加わるとすると，引張応力 $\sigma[\mathrm{MPa}]$ は式 3-22 で求められる（引張応力は 式4-1 [14] で示される）。この式より，止め金具の厚さ $t_i[\mathrm{mm}]$ は式 3-23 のように示される。ここで，$\sigma_a[\mathrm{MPa}]$ は材料の許容引張応力である。

■ 止め金具断面に加わる引張応力
$$\sigma = \frac{W}{(d_{2w} - d_{1w})t_i} \quad [\mathrm{MPa}] \tag{3-22}$$

■ 止め金具の厚さ
$$t_i = \frac{W}{(d_{2w} - d_{1w})\sigma_a} \quad [\mathrm{mm}] \tag{3-23}$$

止め金具の各寸法は 付表6-3 より，$d_{1w} = 21\,\mathrm{mm}$，$d_{2w} = 37\,\mathrm{mm}$ となる。また，炭素鋼鍛鋼品 SF390 の許容引張応力 $\sigma_a = 70\,\mathrm{MPa}$ とすると，止め金具の厚さ $t_i[\mathrm{mm}]$ は式 3-23 より次のように求められる。

$$t_i = \frac{W}{(d_{2w} - d_{1w})\sigma_a} = \frac{10000}{(37 - 21) \times 70} = 8.93\,\mathrm{mm} \tag{3-24}$$

これより，$t_i = 10\,\mathrm{mm}$ とする。

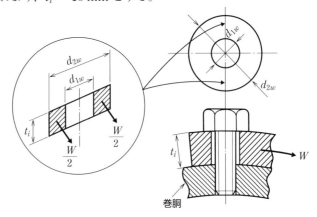

図 3-12　止め金具部に加わる引張力

ボルトのねじ込み部の深さは 表6-1 から求められ，ボルト径以上（等倍から 1.8 倍程度）とされており，ボルトのねじ込み部深さはボルト径（M20）の 1.3 倍の 26 mm とする。

3-3-4 歯車取付けボルト

巻胴歯車は図3-13に示すように，巻胴のフランジ部に複数の**ボルト**を用いて取り付けられる[16]。ボルト取付け位置直径 D_{bolt}[mm] は式3-25で求められる。

■ ボルト取付け位置直径

$$D_{bolt} = D_d + \frac{D_f - D_d}{2} \ \ [\text{mm}] \tag{3-25}$$

ボルト取付け位置直径 D_{bolt}[mm] は式3-5，3-17で求められた値を式3-25に代入すると，次のように求められる。

$$D_{bolt} = 168.8 + \frac{250 - 168.8}{2} = 209 \ \text{mm} \tag{3-26}$$

これより，$D_{bolt} = 210 \ \text{mm}$ とする。

図3-14に示すように，ボルト部に加わるモーメント $(W_B \times \frac{D_{bolt}}{2})N_B$[N·mm] は巻胴に加わるトルク $(W \times \frac{D_{pitch}}{2})$ [N·mm] と等しいため（ボルトの本数を N_B とする），式3-27が成り立つ（図では N_B が6本の場合を示す）。この式より，ボルト1本あたりに加わるせん断力 W_B[N] は式3-28のように示される。さらに，式4-4 [15] より，1本あたりのボルトに加わるせん断応力 τ[MPa] は式3-29のように示される。したがって，ボルトを単純な軸として考えると，その軸径 d_{1bolt}[mm] は式3-30より求められる（τ_a は材料の許容せん断応力である）。求められた d_{1bolt}[mm] を谷の径とし，付表5-1 からボルトの呼び径を選択する。

$$\left(W_B \times \frac{D_{bolt}}{2} \right)N_B = W \times \frac{D_{pitch}}{2} \ \ [\text{N·m}] \tag{3-27}$$

$$W_B = \frac{W \times D_{pitch}}{D_{bolt}} \times \frac{1}{N_B} \ \ [\text{N}] \tag{3-28}$$

■ ボルトに加わるせん断応力

$$\tau = \frac{W_B}{\pi d_{1bolt}{}^2/4} \ \ [\text{MPa}] \tag{3-29}$$

■ ボルト径（谷の径）

$$d_{1bolt} = \sqrt{\frac{4W_B}{\pi\tau_a}} \ \ [\text{mm}] \tag{3-30}$$

【16】ボルトとねじ

第5章 ねじ ，第6章 締結用 機械要素 を参照のこと。

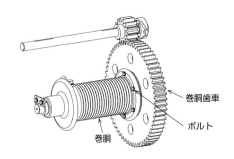
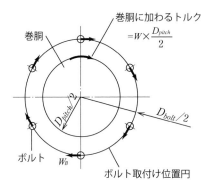

図 3-13　巻胴歯車の巻胴への取付け　　　　図 3-14　ボルトに加わるせん断力

　ボルトの本数 N_B を 6 本，ボルトの材質を SS400（許容せん断応力 $\tau_a = 48\,\mathrm{MPa}$）とすると，1 本のボルトに加わるせん断力 $W_B\,[\mathrm{N}]$ は次のように求められる。また，$d_{1\,bolt}\,[\mathrm{mm}]$ は式 3-30 より次のように求められる。

$$W_B = \frac{W \times D_{pitch}}{D_{bolt}} \times \frac{1}{N_B} = \frac{10000 \times 180}{210} \times \frac{1}{6} = 1.43 \times 10^3\,\mathrm{N} \tag{3-31}$$

$$d_{1\,bolt} = \sqrt{\frac{4W_B}{\pi \tau_a}} = \sqrt{\frac{4 \times 1.43 \times 10^3}{\pi \times 48}} = 6.2\,\mathrm{mm} \tag{3-32}$$

　求められた $d_{1\,bolt}\,[\mathrm{mm}]$ を基に，ボルトの呼び径として，付表 5-1 より M10 を選定する。

3-4 動力伝達装置

設計仕様で決定されたように，2段減速機構によりトルクを増大させる。

3-4-1 速度伝達比および歯数比

歯数比は2章の速度伝達比から求める場合と異なり，トルクのつりあいから求める。歯車の諸事項，歯車強度については2章の場合とほとんど同じであるため，計算例を中心に説明する。

速度伝達比　図3-15に歯車減速機構の概略図を示す。ハンドル軸歯車 G_1 と中間軸大歯車 G_2 の組み合わせを1段目，中間軸小歯車 G_3 と巻胴歯車 G_4 の組み合わせを2段目とする。材質はすべての歯車に対して，高周波焼入れを施したS43Cに仮決定しておく。

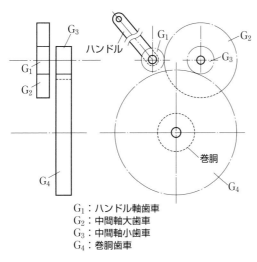

G_1：ハンドル軸歯車
G_2：中間軸大歯車
G_3：中間軸小歯車
G_4：巻胴歯車

図3-15　歯車減速機構

歯車の全体の**速度伝達比** i は，巻き上げ荷重 W [kN] によって作用するトルクと人力によるトルク $F_h L_h$ [N・mm] [17] のつりあいから求めると，次式のようになる。

■ 巻胴に働く力のつりあい

$$W \times 10^3 \times \frac{D_{pitch}}{2} = \eta F_h L_h i \ [\text{N·mm}] \qquad (3\text{-}33)$$

ここで，η は歯車対のかみあいなどによって発生する損失を考慮するための**機械効率** η [18] であり，歯車対や軸受部など全体の機械効率 $\eta = 0.85$ とすると，式3-33より速度伝達比 i は次式のとおりとなる。

【17】人力の作用力 F_h [N], ハンドルの長さ L_h [mm]

一般的に $F_h = 147 \sim 150$ N，ハンドルの長さ $L_h = 300 \sim 500$ mm とする場合が多い。ここでは両方とも大きい方の値を採用する。

【18】各歯車，巻胴の機械効率

一般的に歯車対のかみあいに対する効率は $\eta_G = 0.94 \sim 0.97$，軸と軸受の間の効率は $\eta_{sh} = 0.84 \sim 0.96$ とされている。ここでは，G_1 と G_2 の機械効率，G_3 と G_4 の機械効率をそれぞれ $\eta_{12} = 0.95$，$\eta_{34} = 0.95$ とし，巻胴と軸の効率を $\eta_{sh} = 0.94$ とすると，全体の機械効率 η は $\eta = 0.95 \times 0.95 \times 0.94 = 0.85$ となる。

■ 速度伝達比 i

$$i = \frac{W \times 10^3 \times D_{pitch}}{2\eta F_h L_h} \tag{3-34}$$

速度伝達比 i は式 3-34 より，次のとおりとなる。

$$i = \frac{10 \times 10^3 \times 180}{2 \times 0.85 \times 150 \times 500} = 14.12 \;^{[19]} \tag{3-35}$$

設計仕様の手巻きウインチでは，2 段減速機構であるため，G_1 と G_2，G_3 と G_4 それぞれの歯車対の速度伝達比[20] を i_1，i_2 とすると，i と i_1，i_2 は，次の関係をもつ。

$$i = i_1 i_2 \tag{3-36}$$

式 3-36 より i_1，i_2 はそれぞれ $\sqrt{14.12} = 3.758$ に近い値をとるように仮決定する。

ここでは，$i_1 = 3.20$ とし，式 3-36 より i_2 は次のとおりとなる。

$$i_2 = \frac{i}{i_1} = \frac{14.12}{3.20} = 4.41 \tag{3-37}$$

各歯車の歯数　歯車は**標準平歯車**とし，歯数を求める。標準平歯車の場合，9-2-4項 では**最小歯数**は 17 枚となっているが，一般的には最小歯数は，実用上 14 枚までは切り下げの影響は小さく無視してよい。また歯数の組み合わせは，**2-2-2** でも述べているように互いに素となるように考慮する。

したがって，ハンドル軸歯車 G_1 と中間軸小歯車 G_3 の両小歯車の歯数 z_1，z_3 をそれぞれ次の値に仮決定する。

$z_1 = 14$ 枚

$z_3 = 14$ 枚

この値と速度伝達比 i_1，i_2 より中間軸大歯車 G_2，巻胴歯車 G_4 の歯数 z_2，z_4 は次のようになる。

$$z_2 = z_1 i_1 = 14 \times 3.20 = 45 \text{ 枚} \tag{3-38}$$

$$z_4 = z_3 i_2 = 14 \times 4.41 = 62 \text{ 枚} \tag{3-39}$$

これらを用いて i_1，i_2 を計算すると次のとおりとなる。

$$i_1 = \frac{45}{14} = 3.21 \tag{3-40}$$

$$i_2 = \frac{62}{14} = 4.43 \tag{3-41}$$

$$i = i_1 i_2 = 3.21 \times 4.71 = 14.22 \tag{3-42}$$

歯車対の速度伝達比（歯数比）i と伝達トルク T は反比例の関係があるため[21]，各軸にかかるトルク比から巻上げ荷重 $W''[\text{N}]$ を算出し，設計仕様を満たしているか検討する。ハンドル軸に作用するトルク T_1 [N·mm] は，ハンドルの操作力 $F_h[\text{N}]$ とハンドルの長さ $L_h[\text{mm}]$

【19】表示桁数

速度伝達比 i の値は各歯車対の歯数比に影響を及ぼすため表示桁数を 4 桁としている。

【20】速度伝達比

経験上低速の機械に用いられる平歯車の速度伝達比は 7 以下とされている。

【21】 式9-4

$$i_2 = \frac{Z_2}{Z_1} = \frac{T_2}{T_1}$$

の積で表せるので，次のようになる。

$$T_1 = 150 \times 500 = 7.50 \times 10^4 \, \text{N·mm} \qquad (3\text{-}43)$$

中間軸に作用するトルク T_2 [N·mm] は，ハンドル軸に作用するトルク T_1 [N·mm] とハンドル軸歯車 G_1 の歯数 z_1，中間軸大歯車 G_2 の歯数 z_2 を用いて 式9-4 [22] より得られる。

$$T_2 = 0.95 \times 7.5 \times 10^4 \times (45/14) = 2.29 \times 10^5 \, \text{N·mm} \quad (3\text{-}44)$$

同様に巻胴軸に作用するトルク T_3 [N·mm] は，中間軸に作用するトルク T_2 [N·mm] と中間軸大歯車 G_3 の歯数 z_3，巻胴歯車 G_4 の歯数 z_4 を用いて 式9-4 [22] より，次のようになる。

$$T_3 = 0.95 \times 2.29 \times 10^5 \times (62/14) = 9.63 \times 10^5 \, \text{N·mm} \quad (3\text{-}45)$$

これらの関係を用いると，各軸トルクから得られた巻上げ荷重 W' [N] は，次の式より求められる。

■ 巻上げ荷重 W'

$$W' = \frac{2}{D_{pitch}} \, \eta_{sh} \, T_3 \, [\text{N}] \qquad (3\text{-}46)$$

式 3-46 より，巻上げ荷重 W' [N] は次のとおりとなる。

$$W' = \frac{2}{180} \times 0.94 \times 9.63 \times 10^5 = 1.01 \times 10^4 \, \text{N} \, (= 10.1 \, \text{kN}) \qquad (3\text{-}47)$$

これより設計仕様の巻上げ荷重 W [N] と各軸トルクから求めた巻上げ荷重 W' [N] の関係は $W < W'$ となるので設計仕様を満足している。したがって，各歯車の歯数は次の値に決定する。

$z_1 = 14$ 枚，$z_2 = 45$ 枚，$z_3 = 14$ 枚，$z_4 = 62$ 枚 （設計値）

3-4-2 モジュールの決定

2 章の場合と同じように，**歯の曲げ強度**と**面圧強度**の検討からモジュールを決定する。2 段目歯車対のモジュール m_{34} は，**2 章**と同様に 1 段目歯車のモジュール m_{12} の 1.3 倍と仮定し，モジュールを決定する。

曲げ強度による
モジュールの検討　　歯に働く力 F_t [N] は，最も大きな力が働く中間軸大歯車 G_3 について **2 章**と同じようにして計算する。

理論式 式9-28 [23] からモジュールを仮決定する。歯幅 $b_{34} = 8m_{34}$ として，式9-28 を変形させるとモジュールは次式で導かれる。

■ モジュール m_{34}

$$m_{34} = \sqrt[3]{\frac{30}{4} \times \frac{PY_F}{\pi z_3 N_2 \sigma_{Flim}}} \, [\text{mm}] \qquad (3\text{-}48)$$

歯車の材料は，付表9-3 より高周波焼入れした焼入焼戻し機械構造用炭素鋼 S43C，HB = 230 のものを選定する。歯形係数 Y_F($z = 14$,

---

【22】 各軸に働くトルク
中間軸に働くトルク T_2

$$T_2 = \eta_{12} \, T_1 \, \frac{z_2}{z_1} \, [\text{N·mm}]$$

巻胴軸に働くトルク T_3

$$T_3 = \eta_{34} \, T_2 \, \frac{z_4}{z_3} \, [\text{N·mm}]$$

【23】 式9-28

$$\sigma_F = \frac{F_t}{m_n b} \, Y_F \, [\text{MPa}]$$

【24】歯形係数

ここでは転位係数 $x = 0$ とし，歯数 $z_3 = 14$ より，図より $Y_F = 3.2$ が読み取れる。

【25】許容繰返し曲げ応力

高周波焼入れした焼入焼戻し歯車 S43C，HB $= 230$ の機械構造用炭素鋼において，付表9-3 より $\sigma_{F\lim} = 240$ MPa とする。

【26】 式3-51

$$P = Fv = \frac{2\pi NT}{60}$$

【27】 P_2 の単位

P_2 の単位は通常 [W] であるが，今回は長さの単位として [mm] を用いているため組立て単位で表している。

【28】 式3-26

$$v = r\omega = \frac{D}{2} \cdot \frac{2\pi N}{60}$$
$$= \frac{\pi DN}{60} \ [\text{m/s}]$$

【29】 式3-51

$$F_t = \frac{P}{v} \ [\text{N}]$$

【30】 式9-7

$$\varepsilon_a = \frac{l}{P_b}$$
$$= \frac{\sqrt{r_{a1}^2 - r_{b1}^2} + \sqrt{r_{a2}^2 - r_{b2}^2} - a\sin\alpha}{\pi m_n \cos\alpha_n}$$

【31】 式9-31

$$Y_\varepsilon = \frac{1}{\varepsilon_a}$$

$\alpha = 20°$）は 図9-20 [24] より 3.2，**許容繰返し曲げ応力** $\sigma_{F\lim}$ は，付表9-3 [25] より 240 MPa，ハンドルを回す回転数 $N_1 [\text{min}^{-1}]$ を 60min^{-1} とすると，中間軸の回転数 $N_2 = N_1 (z_1/z_2) = 60 \times (14/45) = 18.7 \text{min}^{-1}$ となる。中間軸にかかる動力 $P_2 [\text{W}]$ は 式3-51 [26] より次のとおりとなる。

$$P_2 = \frac{2\pi N_2 T_2}{60} = \frac{2 \times \pi \times 18.7 \times 2.29 \times 10^5}{60} = 4.48 \times 10^5 \, [\text{N·mm/s}] \, [27]$$

$$(3\text{-}49)$$

これらを代入すると，モジュール m_{34} は次のようになる。

$$m_{34} = \sqrt[3]{\frac{30}{4} \times \frac{4.48 \times 10^5 \times 3.2}{\pi \times 14 \times 18.7 \times 240}} = 3.79 \qquad (3\text{-}50)$$

式3-49 の結果を満たすように，モジュール m_{34} を 4 と仮定し，表2-1 と同様に歯車 G_3 と G_4 の諸寸法を求めると，表3-5 のようになる。

表3-5　歯車 G_3，G_4 の諸寸法

名称	G_3	G_4
基準円直径 d [mm]	56	248
歯先円直径 d_a [mm]	64	256
基礎円直径 d_b [mm]	52.62	233.04
中心間距離 a_{34} [mm]	152	

表より，以下の手続きで $\sigma_F [\text{MPa}]$ を求め，$\sigma_F > \sigma_{F\lim} (= 240 \text{ MPa})$ [21] を満たすことを確認する。

式3-26 [28] より，周速度 $v_{G3} [\text{m/s}]$ は次のようになる。

$$v_{G3} = r\omega = \frac{\pi d_{G3} N_2}{60 \times 10^3} = \frac{\pi \times 56 \times 18.7}{60 \times 10^3} = 0.0548 \text{ m/s} \quad (3\text{-}51)$$

また，円周力 $F_{tG3} [\text{N}]$ は 式3-51 [29] より，次のようになる。

$$F_{tG3} = \frac{P_2}{v_{G3}} = \frac{4.48 \times 10^2}{0.0548} = 8.18 \times 10^3 \text{ N} \qquad (3\text{-}52)$$

式9-20 [24] より，歯数 $z_3 = 14$，**転位係数** $x = 0$ として，$Y_F = 3.2$ とする。

式9-7 [30] より，**かみあい率** ε_α は，次のようになる。

$$\varepsilon_\alpha = \frac{\sqrt{d_{a3}^2 - d_{b3}^2} + \sqrt{d_{a4}^2 - d_{b4}^2} - 2a\sin\alpha}{2\pi m_{34} \cos\alpha_n}$$

$$= \frac{\sqrt{64^2 - 52.62^2} + \sqrt{256^2 - 233.04^2} - 2 \times 152 \times \sin 20°}{2 \times \pi \times 4 \times \cos 20°} = 1.63$$

$$(3\text{-}53)$$

また，荷重分配係数 Y_ε は，式9-31 [31] より，次のようになる。

$$Y_\varepsilon = \frac{1}{\varepsilon_\alpha} = \frac{1}{1.63} = 0.613 \tag{3-54}$$

$\boxed{式9\text{-}32}$ [32] より，ねじれ角係数 Y_β は，平歯車なので $\beta = 0°$ となるので，次のとおりとなる。

$$Y_\beta = 1 - \frac{\beta}{120} = 1 \tag{3-55}$$

動荷重係数 K_V は，$\boxed{表9\text{-}5}$ [33] より，次の値をとる。

$$K_V = 1.25 \tag{3-56}$$

過負荷係数 K_O は，$\boxed{表9\text{-}6}$ [34] より，次の値をとる。

$$K_O = 1.25 \tag{3-57}$$

安全率 S_F は，次の値とする。

$$S_F = 1.2 \tag{3-58}$$

以上の値を用いて，$\boxed{式9\text{-}26}$ [35] より，中間軸大歯車 G_3 の歯元の曲げ応力 σ_F は次のようになる。

$$\sigma_F = \frac{F_t}{m_n b} Y_F Y_\varepsilon Y_\beta K_V K_O S_F$$
$$= \frac{8.18 \times 10^3}{4 \times 32} \times 3.2 \times 0.613 \times 1.25 \times 1.25 \times 1.2$$
$$= 235\,\text{MPa} \tag{3-59}$$

これより，歯元曲げ応力 σ_F は，$\sigma_F < \sigma_{F\lim}$ となることが確認された。

**面圧強度による
モジュールの検討**　面圧強度によるモジュールの検討についても，2章を参考にして行う。

$\boxed{付表9\text{-}3}$ [36] から高周波焼入れした焼入焼戻し歯車 S43C，HV $= 580$ の許容ヘルツ応力は $\sigma_{H\lim} = 1030\,\text{MPa}$ である。歯面に生じる面圧力 σ_H [37] と比較して $\sigma_H < \sigma_{H\lim}$ となるモジュール m_{34} を選定する。

$\boxed{式9\text{-}21}$ [38] より，速度伝達比 i_2 は次のようになる。

$$i_2 = \frac{z_4}{z_3} = \frac{62}{14} = 4.43 \tag{3-60}$$

$\boxed{式9\text{-}35}$ [39] より，領域係数 Z_H は次のようになる。

$$Z_H = \frac{1}{\cos 20°} \sqrt{\frac{2\cos 0°}{\tan 20°}} = 2.50 \tag{3-61}$$

$\boxed{表9\text{-}7}$ もしくは $\boxed{式9\text{-}37}$ [40] より，材料定数係数 Z_M は次の値となる。

$$Z_M = \sqrt{\frac{1}{\pi\left(\frac{1-0.3^2}{206 \times 10^3} + \frac{1-0.3^2}{206 \times 10^3}\right)}} = 189.8\sqrt{\text{MPa}} \tag{3-62}$$

平歯車であるため，かみあい率係数 Z_ε は次の値にする。

$$Z_\varepsilon = 1.0 \tag{3-63}$$

$\boxed{表9\text{-}8}$ [41] より，歯すじ荷重分布係数 $K_{H\beta}$ は次のようになる。

---

[32] $\boxed{式9\text{-}32}$

$$Y_\beta = 1 - \frac{\beta}{120}$$

ただし，$0 \leqq \beta \leqq 30°$

[33] 動荷重係数

$\boxed{表9\text{-}5}$ において，線荷重 $f_u[\text{N/mm}]$，換算速度 $V[\text{m/s}]$ は次のとおりである。

$$f_u = \frac{F_t \cdot K_O}{b} = \frac{8.18 \times 10^3 \times 1.25}{6 \times 8}$$
$$= 3.20 \times 10^2\,\text{N/mm}$$
$$V = \frac{z_3 v}{100} \sqrt{\frac{i^2}{i^2+1}}$$
$$= \frac{14 \times 0.0548}{100} \sqrt{\frac{14.12^2}{14.12^2+1}}$$
$$= 7.65 \times 10^{-3}\,\text{m/s}$$

歯車精度等級 JIS B 1702-2-1998 N9，線荷重は「軽荷重」，換算速度は「低 0.2」の条件より，動荷重係数 $K_V = 1.25$ とする。

[34] 過負荷係数

「均一荷重」，「中程度の衝撃」より，過負荷係数 $K_O = 1.25$

[35] $\boxed{式9\text{-}26}$

$$\sigma_F = \frac{F_t}{m_n b} Y_F Y_\varepsilon Y_\beta K_V K_O S_F$$

[36] 許容応力

$\boxed{付表9\text{-}2}$ 「高周波焼入れした歯車の $\sigma_{H\lim}$」において材料：S43C（焼入焼戻し），硬さ：HV $= 580$ での条件で，$\sigma_{H\lim} = 1030\,\text{MPa}$

[37] $\boxed{式9\text{-}34}$

$$\sigma_H = \sqrt{\frac{F_t}{db}\frac{i+1}{i}} Z_H Z_M Z_\varepsilon$$
$$\sqrt{K_{H\beta} K_V K_O} \times S_F\,[\text{MPa}]$$

[38] $\boxed{式9\text{-}21}$

$$i = \frac{z_2}{z_1} \times \frac{z_4}{z_3} = \frac{N_1}{N_2} \times \frac{N_3}{N_4}$$
$$= \frac{N_1}{N_4}$$

3-4　動力伝達装置　**59**

【39】 式9-35

$$Z_H = \frac{1}{\cos\alpha_{ns}}\sqrt{\frac{2\cos\beta_g}{\tan\alpha_s}}$$

ここで，ねじれ角 β_g [°] は平歯車であるため，$\beta_g = 0°$，正面かみあい圧力角 α_s [°] = 正面基準圧力角 $\alpha_{ns} = 20°$ である。

【40】 式9-37

$$Z_M = \sqrt{\frac{1}{\pi\left(\dfrac{1-v_1^2}{E_1}+\dfrac{1-v_2^2}{E_2}\right)}} \, [\sqrt{\mathrm{MPa}}]$$

ここで構造用鋼の場合，縦弾性係数 $E_1 = E_2 = 206\,\mathrm{GPa}$，ポアソン比 $\nu = 0.3$ とすることにより，$Z_M = 189.8\sqrt{\mathrm{MPa}}$ が得られる。

【41】 歯すじ荷重分布係数 $K_{H\beta}$

表9-8 より歯すじ荷重分布係数 $b/d = 0.6$，「一方の軸受に近い軸のこわさ大」から，$K_{H\beta} = 1.2$ とする。

$$\frac{b}{d_3} = \frac{32}{56} = 0.571 であり，K_{H\beta} = 1.2 \tag{3-64}$$

表9-5 [30]，表9-6 [32] より，動荷重係数 K_V，および過負荷係数 K_O は次の値をとる。

$$K_V = 1.25 \tag{3-65}$$

$$K_O = 1.25 \tag{3-66}$$

安全率 S_F は次の値とする。

$$S_F = 1.2 \tag{3-67}$$

以上の値より，σ_H を計算する。

曲げ強さで求めた $m_{34} = 4$，$b_{34} = 8m_{34}$ を用いて歯面に生じる面圧力 σ_H を計算すると，式9-34 [37] より，次のとおりとなる。

$$\sigma_H = \sqrt{\frac{8.18\times10^3}{56\times32}\times\frac{4.43+1}{4.43}}\times2.50\times189.8\times1.0\sqrt{1.2\times1.25\times1.25}\times1.2$$

$$= 1.84\times10^3\,\mathrm{MPa} \tag{3-68}$$

この場合，$\sigma_H > \sigma_{H\,\mathrm{lim}}$ となるため，$\sigma_H < \sigma_{H\,\mathrm{lim}}$ となるように，モジュール m_{34}，あるいは歯幅 b_{34} を大きくする。ここでは，σ_H が $\sigma_{H\,\mathrm{lim}}$ よりかなり大きいため，モジュール $m_{34} = 6$ として，再計算してみる。

$$周速度 \ v = \pi\times84\times18.7/60\times10^3 = 0.0822\,\mathrm{m/s} \tag{3-69}$$

$$円周力 \ F_t = 4.48\times10^2\times10^2/0.0822 = 5.45\times10^3\,\mathrm{N} \tag{3-70}$$

$$\sigma_H = \sqrt{\frac{5.45\times10^3}{84\times48}\times\frac{4.43+1}{4.43}}\times2.50\times189.8\times1.0\sqrt{1.2\times1.25\times1.25}\times1.2$$

$$= 1.004\times10^3\,\mathrm{MPa} \tag{3-71}$$

以上の計算により，$\sigma_H < \sigma_{H\,\mathrm{lim}}$ となるため，$m_{34} = 6$ とする。

また，$m_{34} = 1.3m_{12}$ としているため，$m_{12} = 6/1.3 = 4.62$ より，m_{12} は次の値とする。

$$m_{12} = 5 \tag{3-72}$$

以上の結果より，$m_{12} = 5$，$m_{34} = 6$（設計値）とする。

かみあい率　それぞれの歯車が安全にかみあうかどうか確認する。**インボリュート平歯車**のかみあい率 ε は先に示した 式9-7 [30] より求めることができる。

圧力角はかみあい圧力角，基準圧力角ともに $20°$ とし，それぞれの値を代入すると，次の値となる。

$$\varepsilon_{12} = \frac{\sqrt{80^2-65.78^2}+\sqrt{235^2-211.43^2}-2\times147.5\times\sin20°}{2\times\pi\times5\times\cos20°}$$

$$= 1.60 \tag{3-73}$$

$$\varepsilon_{34} = \frac{\sqrt{96^2-78.93^2}+\sqrt{384^2-349.57^2}-2\times228\times\sin20°}{2\times\pi\times6\times\cos20°}$$

$$= 1.63 \tag{3-74}$$

60　第3章　手巻きウインチ

これらの値からかみあい率は両歯車対ともに 1.4 〜 1.9 の中に入っているため[42]，安全である。

歯車対と巻胴の位置関係　これらの値から得られた，歯車対と巻胴の配置図を図 3-16 (a) に示す。この図より巻胴と中間軸大歯車 G_2 の距離がかなり近くなっていることがわかる。そこで，巻胴と中間軸大歯車 G_2 との最小距離 C_{DG2} を求め，両者が干渉していないか検討する。C_{DG2} [mm] は正の値であれば，両者は干渉することはないが，ワイヤーロープが緩んだときのことを考えると，ワイヤーロープ径 $d_w = 11.2$ mm であるため，$C_{DG2} = 20$ mm 以上にしておくことが望ましい。C_{DG2} [mm] は，中間軸小歯車 G_3 と巻胴歯車 G_4 の中心間距離 a_{34} [mm]，中間軸大歯車 G_2 の歯先円半径 $d_{aG2}/2$ [mm]，巻胴半径 $D_{pitch}/2$ [mm] から次式によって求めることができる。

$$C_{DG2} = a_{34} - \left(\frac{d_{aG2} + D_{pitch} + d_w}{2} \right) \text{[mm]} \tag{3-75}$$

中間軸小歯車 G_3 と巻胴歯車 G_4 の中心間距離 a_{34} [mm][43] は次のとおりとなる。

$$a_{34} = \frac{(14 + 62) \times 6}{2} = 228 \text{ mm} \tag{3-76}$$

中間軸大歯車 G_2 の歯先円直径 d_{a2} [mm] は，次の値である。

$$d_{a2} = (45 \times 5) + (2 \times 5) = 235 \text{ mm} \tag{3-77}$$

3-3-2 より，$D_{pitch} = 180$ mm，$d_w = 11.2$ mm であるから，中間軸大歯車 G_2 と巻胴とのすきま C_{DG2} [mm] は，以下のとおりとなる。

$$C_{DG2} = 228 - \left(\frac{235 + 180 + 11.2}{2} \right) = 9.3 \text{ mm} \tag{3-78}$$

これより C_{DG2} は 20 mm 以下であり，すきまは十分とはいえない。したがって，それぞれの歯車対のモジュールを大きくして中心間距離を大きくする。モジュールを大きくした場合，歯の強度は高くなるため，ここでは歯の曲げ強度，面圧強度によるモジュールの再検討は行わず，$m_{12} = 6$，$m_{34} = 8$ として C_{DG2} [mm] のみ再計算を行う。

$$a_{34} = \frac{(14 + 62) \times 8}{2} = 3.4 \text{ mm} \tag{3-79}$$

$$d_{aG2} = (45 \times 6) + (2 \times 6) = 282 \text{ mm} \tag{3-80}$$

$$C_{DG2} = 304 - \left(\frac{282 + 180 + 11.2}{2} \right) = 61.8 \text{ mm} \tag{3-81}$$

以上のことから，各歯車のモジュール $m_{12} = 6$，$m_{34} = 8$ にすることで，$C_{DG2} > 20$ mm となるので問題ない。これより各歯車の基本寸法は表 3-6 のとおりとなる。変更した各歯車の基本寸法を基に各歯車と巻胴の位置関係を示したものを図 3-16 (b) に示す。

[42] かみあい率
9-2-1項 よりかみあい率は 1 以上でなければならず，一般の歯車のかみあい率は 1.4 〜 1.9 程度である。

[43] 歯車 G_3 と歯車 G_4 の中心間距離 a_{34}
$$a_{34} = \frac{(z_3 + z_4) \times m_{34}}{2} \text{ [mm]}$$

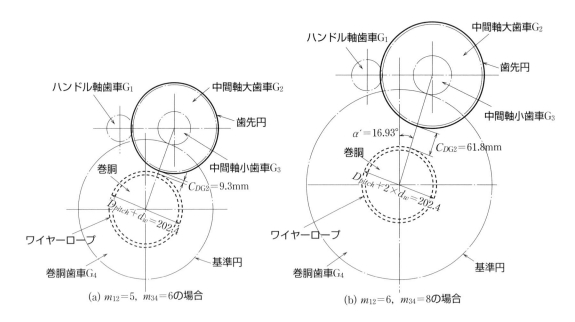

図3-16 歯車と巻胴の位置関係

表3-6 歯車諸元

	歯車 G_1	歯車 G_2	歯車 G_3	歯車 G_4
圧力角 α [°]	20			
モジュール m	6		8	
歯数 z	14	45	14	62
基準円直径 d [mm]	84	270	112	496
歯先円直径 d_a [mm]	96	282	128	512
歯底円直径 d_f [mm]	69	255	92	476
基礎円直径 d_b [mm]	78.93	253.72	105.25	460.09
歯たけ h [mm]	13.5		18	
歯幅 b [mm]	48		64	
中心間距離 a [mm]	177		304	

3-4-3 ハンドル軸歯車と中間軸小歯車寸法

ハンドル軸歯車 G_1 と中間軸小歯車 G_3 は基準円直径が小さいため[44]，ハブ付き円板形状のものを使用する。

ハンドル軸小歯車 形状がハブ付き円板状であるため，ハブの直径 d_{0G1} [mm] を検討する。ハブの直径 d_0 [mm] は軸径を d_{sh} [mm] とすると，一般に次の式が広く採用されている。

■ 一般的な歯車のハブの直径
$$d_0 = (1.5 \sim 2.0)\,d_{sh} + 5 \ [\mathrm{mm}] \qquad (3\text{-}82)$$

ハブは片側のみ設置し，ハブの直径 d_{0G1} [mm] は，ハンドル軸の軸径 d_1 [mm] を $d_1 = 30$ mm と仮決定すると次のとおりとなる。

$$d_{0G1} = (1.5 \sim 2.0) \times 30 + 5 = 50 \sim 65 \ \mathrm{mm} \qquad (3\text{-}83)$$

したがって，$d_{0G1} = 60$ mm (設計値) とする。

中間軸小歯車 中間軸小歯車 G_3 もハンドル軸歯車 G_1 と同様にハブの直径 d_{0G3} [mm] を検討する。

ハブは片側のみ設置し，ハブの直径 d_{0G3} [mm] は，式 3-82 より，中間軸の軸径 d_2 [mm] を $d_2 = 40$ mm と仮決定すると，次のとおりとなる。

$$d_{0G3} = (1.5 \sim 2.0) \times 40 + 5 = 65 \sim 85 \ \mathrm{mm} \qquad (3\text{-}84)$$

したがって，$d_{0G3} = 70$ mm (設計値) とする。

3-4-4 中間軸大歯車

リム 図 3-17 にリムとウェブの各寸法を示す。これらの寸法は m_n をモジュールとして，一般的にピッチ $p = \pi m_n$ を基準とする[45]。

ピッチ p_{12} [mm] は $p_{12} = \pi \times 6 = 18.85$ mm[46] であるため，リムの諸寸法は次のとおりとなる。

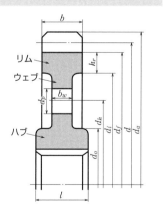

図 3-17 リム，リブの寸法記号

$$h_{rG2} = (0.5 \sim 0.7) \times 18.85 = 9.43 \sim 13.20 \ \mathrm{mm} \qquad (3\text{-}85)$$

これより，$h_{rG2} = 12$ mm (設計値) とする。

ハブ ハブに関しては，3-4-3 と同様に検討する[47]。ハブの直径は $d_{0G2} = 70$ mm (設計値) とする。

ウェブ 中間軸大歯車 G_2 については基準円直径が $d_{G2} = 270$ mm であるためウェブ構造を採用する。標

【44】歯車の形状

一般的に歯車の基準円直径が 200 mm 以下のものは軸と一体構造もしくは円板状とし，基準円直径が 200 mm を超えるものは重量低減のためにウェブ構造やアーム構造とする。

【45】リムとリブの諸寸法
$h_r = (0.5 \sim 0.7)\,p$ [mm]

【46】ピッチの数値について

ピッチ p_{12} [mm] については，無理数である π をかいているため，小数点以下 2 桁まで表記した。

【47】ハブ直径

中間軸の直径が $d_2 = 40$ mm であるため，式 (3-82) より
$d_{0G2} = (1.5 \sim 2.0) \times 40 + 5$
$= 65 \sim 75$ mm

準平歯車のウェブの厚さ b_w [mm] を求めるときは次の式がよく用いられている。

■ ウェブの厚さ b_w [mm]
$$b_w = (2.4 \sim 3) \times m_n \quad [\text{mm}] \tag{3-86}$$

ここで，m_n はモジュールである。

中間軸大歯車 G_2 のモジュール $m_{12} = 6$ より，ウェブの厚さ b_{wG2} [mm] は，次のとおりとなる。

$$b_{wG2} = (2.4 \sim 3) \times 6 = 14.4 \sim 18\,\text{mm} \tag{3-87}$$

抜き穴をあけることを考え，$b_{wG2} = 18\,\text{mm}$（設計値）とする。

ウェブ抜き穴の中心円直径 d_h [mm]，抜き穴直径 d_p [mm] はそれぞれ，次の式がよく用いられる。

■ ウェブ抜き穴の中心円直径 d_h [mm]，抜き穴直径 d_p [mm]
$$d_h = 0.5(d_i + d_0) \quad [\text{mm}] \tag{3-88}$$
$$d_p = 0.25(d_i - d_0) \quad [\text{mm}] \tag{3-89}$$

ここで，d_i [mm] はリムの内径，d_0 [mm] はハブの外径である。

中間軸大歯車 G_2 のリムの内径 $d_{iG2} = 231\,\text{mm}$，ハブの外径 $d_{0G2} = 70\,\text{mm}$ であるため，ウェブの抜き穴の中心円の直径 d_{hG2} [mm]，抜き穴の直径 d_{pG2} [mm] は次のとおりとなる。

$$d_{hG2} = 0.5 \times (231 + 70) = 150\,\text{mm} \tag{3-90}$$
$$d_{pG2} = 0.25 \times (231 - 70) = 40\,\text{mm} \tag{3-91}$$

抜き穴の数 n [個] は，$n = 4 \sim 6$ 個が一般的であるため，$n = 4$ 個とする。

| ウェブの強度検討 | ウェブの厚さの強度に問題ないか検討する。歯車をウェブ厚さ $b_{wG2} = 18\,\text{mm}$ の円板と考えて，ねじり |

応力を検討する。

中間軸大歯車 G_2 に最もトルクが作用する巻上げ時のトルクを考える。巻上げ時に作用するトルクは $T = T_2 = 2.29 \times 10^5\,\text{N·mm}$ である。また，中間軸大歯車 G_2 のリムの内径は $d_{iG2} = 231\,\text{mm}$，ハブの外径 $d_{0G2} = 70\,\text{mm}$ であるので，ウェブにかかる最大せん断応力 $\tau_{\text{max}G2}$ [MPa] は 式4-52 [48] より，以下のとおりとなる。

【48】 式4-52
$$\tau_{\text{max}} = \frac{T}{Z_p} \quad [\text{Pa}]$$

$$\tau_{\text{max}G2} = \frac{T_2}{\dfrac{\pi}{16}\left(\dfrac{d_{iG2}^4 - d_{0G2}^4}{d_{iG2}}\right)} = \frac{2.29 \times 10^5}{\dfrac{\pi}{16}\left(\dfrac{231^4 - 70^4}{231}\right)} = 9.54 \times 10^{-2}\,\text{MPa} \tag{3-92}$$

中間軸大歯車 G_2 の材質である S43C の引張強さは，HB = 230 の場合，726 MPa であるため，S43C の許容せん断応力は，3-6-1 と同様に考えると $\tau_a = 581\,\text{MPa}$ となる。したがって，$\tau_{\text{max}G2} \ll \tau_a$ であるため，抜き穴があったとしても問題ない。

3-4-5 巻胴歯車

巻胴歯車 G_4 も中間軸大歯車 G_2 と同様にウェブ構造を採用する。ただし，ウェブは巻胴に接触する面にオフセットされた形状となる。

リム　巻胴歯車 G_4 のモジュールが $m_{34} = 8$，ピッチが $p_{34} = \pi \times 8 = 25.13\,\mathrm{mm}$ であるため[49]，$h_{rG4} = 15\,\mathrm{mm}$（設計値）とする。

ハブ　ハブ直径 $d_{0G4}\,[\mathrm{mm}]$ は軸受けメタルの外径を 75 mm と仮決定して，$d_{0G4} = 130\,\mathrm{mm}$（設計値）とする[50]。この値は軸の設計時に再検討する。

ウェブ　巻胴歯車 G_4 のウェブ寸法の求め方は，中間軸大歯車 G_2 のときと同じであり，計算結果のみ記述する。

巻胴歯車 G_4 のモジュール $m_{34} = 8$ よりウェブの厚さ $b_{wG4}\,[\mathrm{mm}]$ は次のとおりとなる。

$$b_{wG4} = (2.4 \sim 3) \times 8 = 19.2 \sim 24\,\mathrm{mm} \tag{3-93}$$

抜き穴を開けることを考え，$b_{wG4} = 24\,\mathrm{mm}$（設計値）とする。ウェブの抜き穴については，リムの内径 $d_{iG4} = 446\,\mathrm{mm}$，ハブの外径 $d_{0G4} = 130\,\mathrm{mm}$ であるため，抜き穴の中心円の直径 $d_{hG4}\,[\mathrm{mm}]$，抜き穴の直径 $d_{pG4}\,[\mathrm{mm}]$ はそれぞれ次のとおりとなる。

$$d_{hG4} = 0.5 \times (446 + 130) = 288\,\mathrm{mm} \tag{3-94}$$

$$d_{pG4} = 0.25 \times (446 - 130) = 79\,\mathrm{mm} \tag{3-95}$$

抜き穴の数 $n\,[個]$ は巻胴歯車 G_4 と巻胴を接続するための接続ボルトの数が 6 本であるため，$n = 6$ 個とする。

ウェブの強度検討　ウェブの強度も，中間軸大歯車 G_2 のときと同様に検討する。巻胴歯車 G_4 に作用するトルクは，**3-4-1** より $T_3 = 9.63 \times 10^5\,\mathrm{N \cdot mm}$ である。また，リムの内径 $d_{iG4} = 446\,\mathrm{mm}$，ハブの外径 $d_{0G4} = 130\,\mathrm{mm}$ であるため，ウェブに生じる最大せん断応力 $\tau_{\max G4}\,[\mathrm{MPa}]$ は **式4-52** [49] より以下のとおりである。

$$\tau_{\max G4} = \frac{9.63 \times 10^5}{\dfrac{\pi}{16} \times \left(\dfrac{446^4 - 130^4}{446}\right)} = 5.57 \times 10^{-2}\,\mathrm{MPa} \tag{3-96}$$

これは，S43C の $\tau_a = 581\,\mathrm{MPa}$ と比較して，$\tau_{\max G4} \ll \tau_a$ であるので，抜き穴があったとしても問題ない。

【49】リムとリブの諸寸法
$$h_r = (0.5 \sim 0.7) \times 25.13$$
$$= 12.57 \sim 17.59\,\mathrm{mm}$$

【50】ハブ直径 $d_{0G4}\,[\mathrm{mm}]$
$$d_{0G4} = (1.5 \sim 2.0) \times 75 + 5$$
$$= 117.5 \sim 155\,\mathrm{mm}$$

3–5 制動装置

設計仕様の手巻きウインチは，荷重がそれほど大きくないため，制動装置として 図11-2 に示すようなバンドブレーキを採用する。ブレーキドラムとつめ車は中間軸に取り付ける。この理由として，本来は巻胴のトルクを直接制動したいが，式3-44と式3-45より，中間軸の方が制動すべきトルクを小さくすることができるためである。また，ブレーキドラムとつめ車は一塊の鋳物にて製作する。

3-5-1 ブレーキドラムの径と幅・制動トルク

図3-18に制動装置の概略図を示し，寸法記号と各箇所に働く力を示す。

径と幅　ブレーキドラムの径 D_b [mm] は大きいと質量が大きくなり軸への負荷も大きくなる。また，フレームなど他部品への干渉も懸念される。一方，径を小さくするとブレーキバンドに生じる圧力が大きくなることや制動のために，より大きい操作力 F_{bL} [N] が必要となる。ここでは，中間軸の軸径から表3-7を参考にして各値を決定する。

3-4-3 にて仮決定された中間軸の軸径 $d_2 = 40$ mm を用いて表3-7よりブレーキドラムの径 $D_b = 250$ mm，$B_b = 50$ mm とする。また，ブレーキドラムの材質はFC200とする。

制動に必要なトルク　図3-18において，荷物の下降時はブレーキドラムの回転方向が左回りとなる。制動時は人力によりブレーキレバーに下向きの力 F_{bL} [N] を加えると，ブレーキバンドには張力 T_{b1}, T_{b2} [N] が働く。この張力によって，ブレーキバンドがブレーキドラムに押しつけられることによりブレーキドラムの回転を止める摩擦力が働く。荷物の下降時に巻胴に作用するトルク T_3' [N・mm] [51] より，下降時に中間軸に作用するトルク T_2' [N・mm] は，次のとおりとなる。

【51】巻胴に働くトルク
$$T_3' = \eta_{sh} W \frac{D_{pitch}}{2} \,[\text{N·mm}]$$

■ **中間軸に働くトルク**

$$T_2' = \eta_{34}\, T_3'\, \frac{z_3}{z_4} = \eta_{34}\eta_{sh}\frac{WD_{pitch}z_3}{2z_4} \quad [\text{N·mm}] \tag{3-97}$$

中間軸に作用するトルク T_2' [N・mm] は，次の値となる。

$$T_2' = 0.95 \times 0.94 \times \frac{180}{2} \times 10 \times 10^3 \times \frac{14}{62} = 1.81 \times 10^5 \,\text{N·mm} \tag{3-98}$$

一般的にブレーキに作用させる摩擦トルク T_b [N・mm] は，制動す

66　第3章　手巻きウインチ

べきトルクの1.5倍以上とする。そのため，中間軸のトルク T_2' [N·mm] を制動するために必要なトルクは次のとおりとなる。

$$T_b = 1.5 \times T_2' = 1.5 \times 1.81 \times 10^5 = 2.72 \times 10^5 \, \text{N·mm}$$
(3-99)

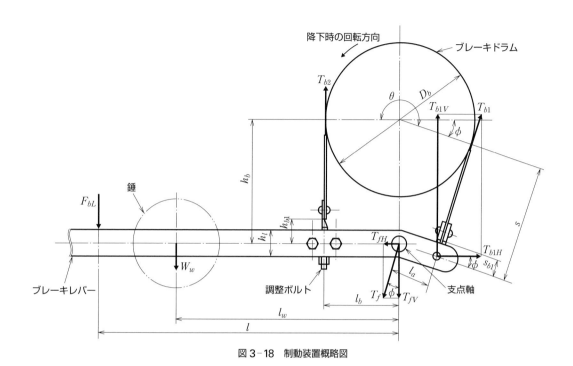

図 3-18 制動装置概略図

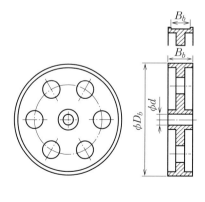

表 3-7 ブレーキドラム・バンド・ライニングの参考寸法

[mm]

軸径 d (30～50 は 30 以上 50 未満とよむ)	30～50		40～65		50～75		60～90
ブレーキドラムの径 D_b	250	300	350	400	450	500
ブレーキドラムの幅 B_b	50	60	70	80	100	120
バンドの幅 b_b	40	50	60	70	80	100
バンドの厚さ t_b	2	3	3	4	4	5
ライニングの幅 b_1	40	50	60	70	80	100
ライニングの厚さ（織物）	4～5	4～6.5	5～8	6.5～8	6.5～10	6.5～10

大西 清著『JISにもとづく機械設計製図便覧（第12版）』オーム社，2015発行

3-5-2 ブレーキドラムのリム，ハブ，ウェブ

ブレーキはドラムの直径 $D_b = 250\,\mathrm{mm}$ であるため **3-4-4** の中間軸大歯車同様にウェブ構造とする。そのため，リム，ハブ，ウェブの寸法を決定する。

中間軸には，大歯車 G_2（モジュール $m_{12} = 6$）と小歯車 G_3（モジュール $m_{34} = 8$）が取り付けられ，モジュールが 2 種類存在する。大きいモジュールを基準とした方が，より強固な構造となるため，ここでは小歯車 G_3 の $m_{34} = 8$ を基準とする。したがって，ピッチ $p\,[\mathrm{mm}]$ は次のとおりとなる[46]。

$$p = \pi m_{34} = \pi \times 8 = 25.13\,\mathrm{mm} \tag{3-100}$$

リムの諸寸法　リムの寸法は **3-4-4**（図 3-17）と同様に，次のとおりとなる。

$$h_{rb} = (0.5 \sim 0.7) \times 25.13 = 12.57 \sim 17.59\,\mathrm{mm} \tag{3-101}$$

これより，$h_{rb} = 16\,\mathrm{mm}$（設計値）とする。

つめ車とブレーキドラムのすきまは，小さすぎると鋳造製作が難しくなり，大きいと装置が大型となることを考慮して 23 mm とする。ハブの直径 $d_{0b}\,[\mathrm{mm}]$ は中間軸の軸径 $d_2 = 40\,\mathrm{mm}$ とすると次のとおりとなる。

$$d_{0b} = (1.5 \sim 2.0)\,d_2 + 5 = 65 \sim 85\,\mathrm{mm} \tag{3-102}$$

これより，$d_{0b} = 80\,\mathrm{mm}$（設計値）とする。

ウェブの諸寸法　ウェブの厚さ b_{wb} は **3-4-4** と同様にし，次のとおりとなる。

$$b_{wb} = (2.4 \sim 3) \times m_{34} = (2.4 \sim 3) \times 8 = 19.2 \sim 24\,\mathrm{mm} \tag{3-103}$$

抜き穴を開けることを考え，$b_{wb} = 24\,\mathrm{mm}$（設計値）とする。

ウェブの抜き穴の中心円直径 $d_{hb}\,[\mathrm{mm}]$，抜き穴直径 $d_{pb}\,[\mathrm{mm}]$ は，次のとおりとなる。

$$d_{hb} = 0.5\,(d_{ib} + d_{0b}) = 0.5 \times (218 + 80) = 149\,\mathrm{mm} \tag{3-104}$$

これより，$d_{hb} = 150\,\mathrm{mm}$（設計値）とする。

$$d_{pb} = 0.25\,(d_{ib} - d_{0b}) = 0.25 \times (218 - 80) = 34.5\,\mathrm{mm} \tag{3-105}$$

これより，$d_{pb} = 35\,\mathrm{mm}$（設計値）とする。

ここで，$d_{ib}\,[\mathrm{mm}]$ はリムの内径，$d_{0b}\,[\mathrm{mm}]$ はハブの外径である。抜き穴の数 $n\,[\text{個}]$ は，$n = 4$ 個とする。

ウェブの強度検討　ウェブの厚が強度に問題ないか検討する。ブレーキドラムをウェブ厚さ $b_{wb} = 24\,\mathrm{mm}$ の円板と考え

てねじり応力を検討する。

ブレーキドラムにトルクが最も作用するブレーキ作動時のトルクを考える。ブレーキ作動時に作用するトルクは式3-99より $T = T_b = 2.72 \times 10^5$ N·mm である。また、ブレーキドラムのリムの内径は $d_{ib} = 218$ mm、ハブの外径 $d_{0b} = 80$ mm であるため、ウェブに生じる最大せん断応力 τ_{wb} [MPa] は 式4-52 [52] より、次のとおりとなる。

$$\tau_{wb} = \frac{T_b}{\frac{\pi}{16}\left(\frac{d_{ib}^4 - d_{0b}^4}{d_{ib}}\right)} = \frac{2.72 \times 10^5}{\frac{\pi}{16}\left(\frac{218^4 - 80^4}{218}\right)} = 0.136 \times 10^{-2} \text{ MPa} \quad (3\text{-}106)$$

ブレーキドラムの材質である FC200 の引張強さは、200 MPa であるため、せん断強さは $\tau_a = 160$ MPa となる。したがって、$\tau_{wb} \ll \tau_a$ であるので、抜き穴があったとしても問題ない。

つめ車とブレーキドラムのすきま 23 mm における直径はブレーキドラムのハブ部と同じ $\phi 80$ mm とする。

3-5-3 ブレーキバンド・操作力

ブレーキバンドにはブレーキドラムの回転による摩擦力によって引張りと緩みが生じる。また、ブレーキバンドと止め板との固定はリベットを用いる。

幅と厚さ　ブレーキバンドの材質は、帯鋼（SPHC）とする。寸法はブレーキドラムと同様に表3-7を参考にして決定する。ブレーキの構造として、引張側の端は固定し、緩み側の端は調整ボルトにてバンドの張りが調整できるように設計する。

表3-7より、バンドの幅 $b_b = 40$ mm、バンドの厚さ $t_b = 2$ mm とする。また、バンドの裏張りはなしとする[53]。

制動に必要な操作力　荷物の下降時、ブレーキドラムは左回りに回転するため、バンドは左回りに摩擦力が働く。このため図3-18においてブレーキドラムの右側のバンドが引張側、左側のバンドが緩み側となる。接触角を θ [rad] とすると、制動力 F_b [N] は 11-1-2項 より、制動に必要な操作力 F_{bL} [N] は 式11-11 [54] より求めることができる。

接触角 θ [rad] はブレーキレバー長さ l_a [mm] の傾きを ϕ [rad] とすると図3-18より次式のとおりとなる[55]。

$$\theta = \pi + \phi = \pi + \sin^{-1}\left(\frac{\frac{D_b}{2} - l_a}{h_b}\right) \text{ [rad]} \quad (3\text{-}107)$$

ブレーキレバーなどの寸法は $l = 500$ mm、$l_a = 65$ mm、

---

[52] 式4-52

$$\tau_{\max} = \frac{T}{Z_p} \text{ [Pa]}$$

[53] バンドの裏張り
巻上げ荷重が大きい場合については、摩擦係数を増加させるために、バンドに裏張り（繊維・皮・セラミックなど）を施す場合がある。

[54] 式11-11
11-1-2項より、バンドの両端におけるそれぞれの引張力を T_{b1}（引張側）、T_{b2}（緩み側）とすると 式11-5 より求められる。T_{b1}, T_{b2} は 式11-6 より求められ、接触角を θ [rad] とすると、制動に必要な操作力 F_{bL} [N] はこれらの値を用いて

$$F_{bL} = \frac{T_{b1} l_a - T_{b2} l_b}{l}$$
$$= \frac{(e^{\mu\theta} l_a - l_b) F_b}{(e^{\mu\theta} - 1) l} \text{ [N]}$$

となる。

[55] l_a の傾き角
l_a の傾き角 ϕ を求める際の幾何学的関係は

$$\sin\phi = \frac{\frac{D_b}{2} - l_a}{h_b}$$

で表される。

$l_b = 125\,\mathrm{mm}$, $h_b = 200\,\mathrm{mm}$ と仮決定する。

表 3-8 より，帯鋼と鋳鉄の摩擦係数は $\mu = 0.2$ とする。$l_a\,[\mathrm{mm}]$ の傾き角 $\phi\,[\mathrm{rad}]$ は，式 3-107 より次のとおりとなる。

$$\phi = \sin^{-1}\left(\dfrac{\dfrac{250}{2} - 65}{200}\right) = 0.305\,\mathrm{rad} \tag{3-108}$$

【56】接触角 θ

接触角 $\theta\,[\mathrm{rad}]$ はブレーキバンドの長さに影響を及ぼすため 4 桁で表している。

また，$e^{\mu\theta}$ の計算があるので角度は［°］でなく［rad］としている。

これより接触角 $\theta\,[\mathrm{rad}]$ [56] は次の値となる。

$$\theta = \pi + \phi = \pi + 0.305 = 3.446\,\mathrm{rad}\,(= 197.46°) \tag{3-109}$$

この値を用いると $e^{\mu\theta} = 1.9921$ となる。

また，制動力 $F_b\,[\mathrm{N}]$ は，次の値となる。

$$F_b = T_b\bigg/\dfrac{D_b}{2} = 2.72\times10^5\bigg/\dfrac{250}{2} = 2.18\times10^3\,\mathrm{N} \tag{3-110}$$

【57】F_{bL} が人力の大きさより大きい場合

$l_a\,[\mathrm{mm}]$ の寸法を大きくして，傾き角 $\phi\,[\mathrm{rad}]$ から計算し直し，$F_{bL} <$ 人力となるように再計算する。

これらの値を用いて制動に必要な操作力 $F_{bL}\,[\mathrm{N}]$ [57] を求めると，次のとおりとなる。

$$F_{bL} = \dfrac{(e^{\mu\theta}l_a - l_b)F_b}{(e^{\mu\theta}-1)l} = \dfrac{(1.9921\times65 - 125)\times2.18\times10^3}{0.9921\times500} = 19.7\,\mathrm{N} \tag{3-111}$$

この $F_{bL}\,[\mathrm{N}]$ は人力である 150 N より小さいため人力にてブレーキを有効に作動させることができる。よって決定したブレーキレバーなどの寸法を設計値とする。

【58】ブレーキバンドにかかる圧力

図 10-4 を参考に微小面積に作用する引張力 T の半径方向成分 T_n を考えると，dT_n は圧力を p とすると

$$dT_n = p\left(\dfrac{D_b}{2}\right)d\phi\cdot b$$

である。また，半径方向の力のつりあいを考えると，

$$-(T + dT)\sin\dfrac{d\phi}{2}$$
$$+ dT_n - T\sin\dfrac{d\phi}{2}$$
$$= 0$$

となるため，dT_n に上式を代入し，T に T_{b1} を代入すると

$$dT_n = Td\phi$$

より，式 3-112 が得られる。

| ブレーキバンドに生じる圧力 |

ブレーキバンドによりブレーキドラムにかかる最大圧力は，引張側で生じる。その**圧力** $p_b\,[\mathrm{MPa}]$ は，引張力を $T_{b1}\,[\mathrm{N}]$ とすると，次の式から求めることができる [58]。

■ ブレーキバンドにかかる圧力

$$p_b = \dfrac{2T_{b1}}{b_b D_b}\,[\mathrm{MPa}] \tag{3-112}$$

この $p_b\,[\mathrm{MPa}]$ は表 3-8 の許容圧力以下でなければならない。

引張力 $T_{b1}\,[\mathrm{N}]$ は 式 11-6 [59] より次のようになる。

$$T_{b1} = \dfrac{2.18\times10^3\times1.9921}{(1.9921 - 1)} = 4.38\times10^3\,\mathrm{N} \tag{3-113}$$

これより引張側の圧力 $p_b\,[\mathrm{MPa}]$ は，式 3-112 より次のとおりとなる。

【59】式 11-6

$$T_{b1} = \dfrac{Fe^{\mu\theta}}{e^{\mu\theta}-1}\,[\mathrm{N}]$$

$$T_{b2} = \dfrac{F}{e^{\mu\theta}-1}\,[\mathrm{N}]$$

$$p_b = \dfrac{2\times4.38\times10^3}{40\times250} = 0.876\,\mathrm{MPa} \tag{3-114}$$

このことから，求めた $p_b\,[\mathrm{MPa}]$ は表 3-8 で示されている帯鋼と鋳鉄との許容圧力 1.0 MPa 未満であり，安全に作動する [60]。

70 第 3 章　手巻きウインチ

表 3-8 摩擦材料の摩擦係数と許容圧力

摩擦材料	摩擦係数 μ	許容圧力 P [MPa]
帯鋼と鋳鉄	0.1～0.2	1.0
焼入れ鋼と焼入れ鋼	0.1	0.7～1.0
鋳鉄と鋳鉄	0.12～0.2	1.0～1.7
青銅と鋳鉄	0.1～0.2	0.4～0.8
木材と鋳鉄	0.2～0.35	0.3～0.5
コルクと鋳鉄	0.3～0.5	0.05～0.1
ファイバと鋳鉄	0.25～0.45	0.05～0.3
皮革と鋳鉄	0.3～0.55	0.05～0.3

（日本機械学会編：機械工学便覧 B 編（応用編）B1 機械要素設計トライボロジー，日本機械学会（1985）より）

引張側の止め板と軸

ブレーキバンドの引張側と緩み側の止め板部の構造を図 3-19 に示す。図 3-19(a) に示す引張側のバンドに働く張力 T_{b1} とバンドの幅 b_b[mm] は 3-5-1，3-5-3 より，それぞれ $T_{b1} = 4.38 \times 10^3$ N，$b_b = 40$ mm であり，ブレーキレバーの幅 b_l[mm] は $b_l = 28$ mm と仮決定する。後から決定されるブレーキレバーの厚さ t_l[mm] を 8 mm と仮決定すると，分布荷重 w_{b1} [N/m] を受けるバンドの幅 b_s[mm] は $28 - 2 \times 8 = 12$ mm となる。

(1) 止め板

リベット 2 本でバンドと止め板を固定すると仮決定し 6-3-1 項 を参照してリベットの強度計算を行う。ここでは，引張方向に対するリベットから板端までの長さ e_{rivet}[mm] は十分大きいため，リベットのせん断，穴間の切断，リベット軸または穴の圧潰について検討する。リベットの材質は冷間圧造用炭素鋼 SWCH17R [61]，止め板の材質を SS400

【60】引張側の圧力 p_b が許容圧力以上となる場合

まずブレーキ幅 b_b を大きくして再計算する。ただし，$b_b > 0.4 D_b$ となる場合は，ブレーキドラム径 D_b を大きくする。この際，ハンドル軸にブレーキドラムが干渉しないようにするため，ハンドル軸歯車 A の歯数 z_A と中間軸大歯車 B の歯数 z_B を（減速比は変えないで）それぞれ大きくして，ハンドル軸と中間軸の軸間距離を大きくとるようにし，ハンドル軸にブレーキドラムが干渉しないように計算をやり直す。

【61】JIS G 3507-2

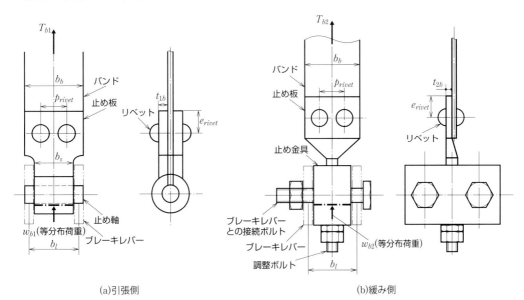

(a) 引張側   (b) 緩み側

図 3-19 引張側と緩み側の止め板部

とし，それぞれの許容引張応力 $\sigma_a = 74\,\text{MPa}$，$\sigma_a = 100\,\text{MPa}$，許容せん断応力 $\tau_a = 59\,\text{MPa}$，$\tau_a = 80\,\text{MPa}$ とする。リベットについては，最も安全となることを意識して，1本のリベットに全負荷がかかると想定して計算する。

リベットの直径 $d_{rivet}\,[\text{mm}]$ は 式6-20 [62] より次のとおりとなる。

$$d_{rivet} \geqq \sqrt{\frac{4\,T_{b1}}{\pi\tau_a}} = \sqrt{\frac{4 \times 4.38 \times 10^3}{\pi \times 59}} = 9.72\,\text{mm} \quad (3\text{--}115)$$

付表6-7 より，リベット径 $d_{rivet} = 10\,\text{mm}$ とし，穴径 $d_{c\,rivet} = 10.6\,\text{mm}$ とする。

リベット穴間の切断については 式6-22 [63] よりリベット間の長さ $p_{rivet} = 20\,\text{mm}$ とすると止め板厚 $t_{1b}\,[\text{mm}]$ は次のとおりとなる。

$$t_{1b} \geqq \frac{T_{b1}}{(p_{rivet} - d_{c\,rivet})\sigma_a} = \frac{4.38 \times 10^3}{(20 - 10.6) \times 100} = 4.66\,\text{mm}$$
$$(3\text{--}116)$$

これより，止め板厚 $t_{1b} = 5\,\text{mm}$ と仮決定する。以上のリベット径 $d_{rivet}\,[\text{mm}]$ と止め板厚 $t_{1b}\,[\text{mm}]$ より，リベット軸または穴の圧潰について強度を満たすかを検討する。式6-23 [64] より圧縮応力 $\sigma\,[\text{MPa}]$ は

$$\sigma = \frac{T_{b1}}{d_{rivet} \cdot t_{1b}} = \frac{4.38 \times 10^3}{10 \times 5} = 87.6\,\text{MPa} \quad (3\text{--}117)$$

となり，これはリベットの許容応力 $\sigma_a\,[\text{MPa}]$ を超えている。そのため，板厚を 7 mm へと変更すると圧縮応力 $\sigma\,[\text{MPa}]$ は次のとおりとなる。

$$\sigma = \frac{T_{b1}}{d_{rivet} \cdot t_{1b}} = \frac{4.38 \times 10^3}{10 \times 7} = 62.6\,\text{MPa} \quad (3\text{--}118)$$

よって，許容応力以下となる。このことから，止め板厚 $t_{1b} = 7\,\text{mm}$（設計値）とする。

(2) 止め軸

止め軸には，等分布荷重 $w_{b1}\,[\text{N/m}]$ による曲げモーメントに対する強さを考慮する必要がある。最大曲げモーメント $M_{\max}\,[\text{N·mm}]$ は，式4-26 [65] より次のようになる。

$$M_{\max} = \frac{1}{8}wl^2 = \frac{1}{8}\,T_{b1}\,b_s \quad [\text{N·mm}] \quad (3\text{--}119)$$

材質を SS400 とし許容曲げ応力 $\sigma_b = 100\,\text{MPa}$ とすると，軸径 $d\,[\text{mm}]$ は 式7-2 [66] に式 3-119 を代入することにより次のとおりとなる。

$$d \geqq \sqrt[3]{\frac{4\,T_{b1}\,b_s}{\pi\sigma_b}} = \sqrt[3]{\frac{4 \times 4.38 \times 10^3 \times 20}{\pi \times 100}} = 10.4\,\text{mm}$$
$$(3\text{--}120)$$

側注

[62] 式6-20
$$W = \frac{\pi d^2}{4}\tau \quad [\text{N}]$$

[63] 式6-22
$$W = (p - d)t\sigma' \quad [\text{N}]$$

[64] 式6-23
$$W = dt\sigma_c \quad [\text{N}] \quad \text{または}$$
$$W = dt\sigma_c' \quad [\text{N}]$$

[65] 式4-26
$$M_{\max} = \frac{wl^2}{8} \quad [\text{N·mm}]$$

[66] 式7-2
$$d \geqq \sqrt[3]{\frac{32M}{\pi\sigma_a}} \quad [\text{mm}]$$

これより止め軸径 $d = 12\,\mathrm{mm}$（設計値）とする。

緩み側の止め板と軸

図 3-19(b) に示す緩み側のバンドに働く張力 T_{b2} [N] は $2.20 \times 10^3\,\mathrm{N}$ [67] であり，引張側と同様に計算する。

(1) 止め板

リベットの直径 d_{rivet} [mm] は，せん断を考慮すると 式6-20 [62] より次のとおりとなる。

$$d_{rivet} \geqq \sqrt{\frac{4T_{b2}}{\pi \tau_a}} = \sqrt{\frac{4 \times 2.20 \times 10^3}{\pi \times 59}} = 6.89\,\mathrm{mm} \quad (3\text{-}121)$$

付表6-7 より，リベット径は $8\,\mathrm{mm}$ あればよいが部品点数削減を考慮し，引張側同様に $10\,\mathrm{mm}$ とする。穴径も同様に $10.6\,\mathrm{mm}$ とする。

リベット穴間の切断については 式6-22 [63] より次のとおりとなる。

$$t_{2b} \geqq \frac{T_{b2}}{(p_{rivet} - d_{c\,rivet})\sigma_a} = \frac{2.20 \times 10^3}{(20 - 10.6) \times 100} = 2.34\,\mathrm{mm}$$

$$(3\text{-}122)$$

これより止め板厚 $t_{2b} = 3\,\mathrm{mm}$ と仮決定する。

以上のリベット径 d_{rivet} [mm] と止め板厚 t_{2b} [mm] より，リベット軸または穴の圧潰について強度を満たすかを検討する。圧縮応力 σ [MPa] は

$$\sigma = \frac{T_{b2}}{d_{rivet} \cdot t_{2b}} = \frac{2.20 \times 10^3}{10 \times 3} = 73.3\,\mathrm{MPa} \quad (3\text{-}123)$$

となり，許容応力 σ_a [MPa] 以下となるため問題ない。

(2) 止め軸

止め金具については，図 3-20 のようにボルトを 2 本通しブレーキレバーと接続し，その軸間に調整ボルトを通す。調整ボルトは，引張荷重 T_{b2} [N] を受けるため 6-2-1項 を参照し，ボルトの有効断面積を基準に選定する。そのため，必要となる断面積 A_s [mm²] は 式6-10 [68] より次のとおりとなる。

$$A_s \geqq \frac{T_{b2}}{\sigma_a} = \frac{2.20 \times 10^3}{100} = 22.0\,\mathrm{mm^2} \quad (3\text{-}124)$$

付表6-4 より調整ボルトの呼びは M8 とする [69]。調整ボルトを通す穴径は，$\phi 8.4\,\mathrm{mm}$ とする。

引張力 T_{b2} [N] は 2 本のボルトに分散されるが，1 本にすべての荷重が働くとして引張側と同様に計算すると，ボルト径 d [mm] は 式7-2 [66] より次のとおりとなる。

$$d \geqq \sqrt[3]{\frac{4T_{b2}\,b_s}{\pi \sigma_a}} = \sqrt[3]{\frac{4 \times 2.20 \times 10^3 \times 20}{\pi \times 100}} = 8.24\,\mathrm{mm}$$

$$(3\text{-}125)$$

【67】張力 T_{b2}
側注【59】より

$$T_{b2} = \frac{2180}{(1.9921 - 1)}$$
$$\cong 2.2 \times 10^3\,\mathrm{N}$$

【68】 式6-10

$$\sigma = \frac{W}{A_s}\ [\mathrm{MPa}]$$

【69】ボルトの呼び

有効断面積は呼び M7 の $28.9\,\mathrm{mm^2}$ で基準を満たすが第 2 選択となるため第 1 選択の M8 とする。

3-5　制動装置　**73**

これより，ボルトの呼びは M10 とする。

止め板とバンドの穴径が決定したため，バンドの厚さ t_b [mm] についての検証を行う。バンドの幅 $b_b = 40$ mm から穴径 10.6 mm × 2 個の計 21.2 mm を引いた幅 18.8 mm と厚さ 2 mm に対して力 T_{b2} [N] にて引張られるとき，その引張応力 σ [MPa] は，式4-1 [14] より次のとおりとなる。

$$\sigma = \frac{2.20 \times 10^3}{18.8 \times 2} = 58.5 \text{ MPa} \tag{3-126}$$

これはバンドの許容応力 $\sigma_a = 54$ MPa を超えている。そのため，バンドの厚さ t_b を 付表2-5 より 2.8 mm へと変更すると引張応力 σ [MPa] は，同様に 式4-1 [14] より次のとおりとなる。

$$\sigma = \frac{2.20 \times 10^5}{18.8 \times 2.8} = 41.8 \text{ MPa}$$

よって許容応力 $\sigma_a = 54$ MPa 以下となる。

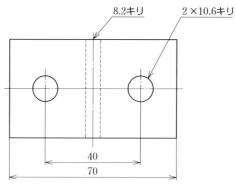

図3-20 止め金具

バンドの長さ　これまでに $D_b = 250$ mm, $l_a = 65$ mm, $\phi = 0.305$ rad, $\theta = 3.446$ rad, $h_b = 200$ mm となるため，図3-18を参照し $s_{b1} = 26$ mm, $h_{b1} = 40$ mm とすると幾何学的にバンドの長さ l_{band} [mm] は次のとおりとなる。

$$\begin{aligned} l_{band} &= \left(\frac{D_b}{2} - l_a\right)\frac{1}{\tan\phi} + \left(\frac{D_b + t_b}{2}\right)\theta + h_b - s_{b1} - h_{b1} \\ &= \left(\frac{250}{2} - 65\right)\frac{1}{\tan 0.305} + \left(\frac{250 + 2.8}{2}\right)3.446 + 200 - 26 - 40 \\ &= 760 \text{ mm} \end{aligned} \tag{3-127}$$

3-5-4 ブレーキレバー

ブレーキレバーの支点軸，残りのレバー諸寸法，錘などについて検討する。

支点軸　ブレーキレバーの支点軸に働く力を考える。レバーには図3-18に示す力が働くため力のつりあいは次のようになる。

垂直方向の力：$T_{fv} + F_{bL} - T_{b1V} - T_{b2} = 0$ [N]　　　(3-128)

水平方向の力：$T_{fH} - T_{b1H} = 0$ [N]　　　(3-129)

また，その合力 T_f [N] は，次のようになる。

$$T_f = \sqrt{T_{fV}^2 + T_{fH}^2} = \sqrt{(T_{b1V} + T_{b2} - F_{bL})^2 + T_{b1H}^2}$$
$$= \sqrt{(4.38 \times 10^3 \times \cos 0.305 + 2.20 \times 10^3 - 19.7)^2 + (4.38 \times 10^3 \times \sin 0.305)^2}$$
$$= 6.49 \times 10^3 \text{ N} \qquad (3\text{-}130)$$

ブレーキレバーは図3-21のような配置となるため，支点軸には二つの力 $\dfrac{T_f}{2}$ が働き，曲げとせん断が生じるため，この両者に対する強度を検討する。なお，材質はSS400とする。

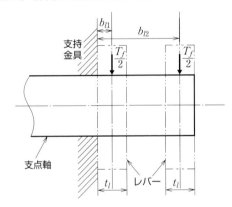

図3-21　支点軸に作用する力

(1) 曲げに対する検討

曲げについて，最大曲げモーメント $M_{\max}$ [N·mm] は根元（支持金具とレバーの接する面）にて作用する。図3-21において支持金具から作用点までの距離をそれぞれ b_{l1} [mm]，b_{l2} [mm] とすると最大曲げモーメント $M_{\max}$ [N·mm] は 式4-9 [70] より，次のようになる。

[70] 式4-9
$M = -Wl$ [N·m]

$$M_{\max} = \frac{T_f}{2}(b_{l1} + b_{l2}) \text{ [N·mm]} \qquad (3\text{-}131)$$

ブレーキレバーの厚み t_l [mm] を8 mmと仮定して 表4-2 より中実丸棒の断面係数 Z [mm^3] と許容曲げ応力 $\sigma_b = 100$ MPa より，軸径 d_b [mm] は 式7-2 [66] より，次のとおりとなる。

$$d_b \geqq \sqrt[3]{\frac{16\,T_f(b_{l1}+b_{l2})}{\pi\sigma_b}} = \sqrt[3]{\frac{16\times6.49\times10^3\times(4+32)}{\pi\times100}}$$

$$= 22.8\,\text{mm} \tag{3-132}$$

(2) せん断に対する検討

せん断については，許容せん断応力 $\tau_a = 80\,\text{MPa}$ とすると軸径 d_b [mm] は次のとおりとなる。

$$d_b \geqq \sqrt{\frac{4\,T_f}{\pi\tau_a}} = \sqrt{\frac{4\times6.49\times10^3}{\pi\times80}} = 10.2\,\text{mm} \tag{3-133}$$

以上のことから，付表7-1 よりブレーキレバー支点軸の軸径 $d_b = 25\,\text{mm}$ とする。

レバー寸法　図3-18のようにブレーキレバーに操作力 F_{bL} [N] が働くと，レバーには曲げが生じ，支点軸における曲げモーメント M [N·mm] は 式4-9 [70] より，次のとおりとなる。

$$M = T_{b1}l_a = 4.38\times10^3\times65 = 2.85\times10^5\,\text{N·mm}$$

$$\tag{3-134}$$

支点軸の軸径 $d_b = 25\,\text{mm}$ であることから，レバーの高さ $h_l = 42\,\text{mm}$ とし，軸が通る穴部を考慮すると支点軸部のレバーの断面係数 Z [mm³] は，次のとおりとなる。

$$Z = 2\times\frac{1}{6}\times\frac{t_l(h_l{}^3 - d_b{}^3)}{h_l} = 2\times\frac{1}{6}\times\frac{8\times(42^3 - 25^3)}{42}$$

$$= 3.71\times10^3\,\text{mm}^3 \tag{3-135}$$

[71] 式4-39

$$\sigma_{\max} = \frac{M}{Z}\ [\text{Pa}]$$

そのため，曲げ応力 σ [MPa] は 式4-39 [71] より，次のとおりとなる。

$$\sigma = \frac{M}{Z} = \frac{2.85\times10^5}{3.71\times10^3} = 76.8\,\text{MPa} \tag{3-136}$$

許容曲げ応力 100 MPa 以下となり，レバーの高さ $h_l = 42\,\text{mm}$，厚さ $t_l = 8\,\text{mm}$ で問題ないことが確認できた。

支持金具と支え板　支持金具はリブ構造とするため，軸に対して強度が十分大きいと考えられるため，ここでは強度計算は省略する。また，支え板についても同様である。

錘　不測の事態に備えるためにブレーキレバーへ錘を取り付け，人力と同じ力をレバーに働かせる。支点軸からレバーの作用点までの長さ $l = 500\,\text{mm}$ であるため，レバーの握りのための長さを考慮して錘の中心 l_w [mm] は，レバー支点から 300 mm の位置とする。支点軸回りのモーメントのつりあいは $W_w l_w = F_{bL}l$ [N·mm] であり，$F_{bL} = 19.7\,\text{N}$ より必要となる錘による力 W_w [N] は次のとおりとなる。

$$W_w = \frac{F_{bL}\,l}{l_w} = \frac{19.7 \times 500}{300} = 32.8 \text{ N} \tag{3-137}$$

錘は鋳鉄製とすると密度 $\rho = 7200 \text{ kg/m}^3$, 直径 $d_w = 100 \text{ mm}$ とすると, 錘の厚さ $t_w\,[\text{mm}]$ は次のとおりとなる。

$$t_w = \frac{4 W_w}{\pi \rho d_w^2 g} = \frac{4 \times 32.8}{\pi \times 7200 \times 10^{-9} \times 100^2 \times 9.81} = 59.1 \text{ mm} \tag{3-138}$$

これより, 錘の厚さ $t_w = 60 \text{ mm}$(設計値)とする。

支持金具のリブ厚さは固定ボルトの頭またはナットと干渉しないようにする。

3-5-5 つめとつめ車

荷物をある場所で停止させる場合や逆行を防ぐために, つめとつめ車を用いる。これらの設計は 11-2節 より行うことができる。つめとつめ車の概略を図3-22に示す。

つめ車の歯数　一般的につめ車の歯数 z_T は 10 ～ 30 とされている。そこで, $z_T = 20$ と仮定して以後の計算を行い, 歯数を確定する。

つめ車の摩擦角　11-2-1項 に示しているように, 摩擦角 $\rho_T\,[°]$

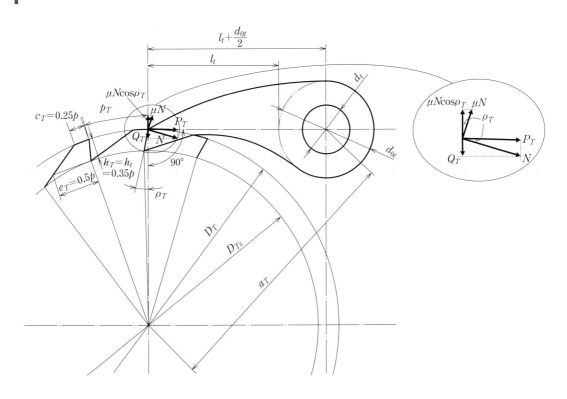

図3-22　つめとつめ車の概略図(寸法記号と作用する力)

は一般的に 12°〜18° としている。つめが飛び出さないようにするためには，図 3-22 の力のつりあいより，つめとつめ車の歯との間に働く摩擦力 μN[N] の垂直方向成分である $\mu N\cos\rho_T$[N] より，つめが内側へ入り込む力 Q_t[N] が大きくなる必要がある。すなわち次の式を満たすようにする。

【72】つめ車の摩擦角と摩擦係数の関係

$Q_t = P_T\tan\rho_T$

$\mu N\cos\rho_T = \mu\dfrac{p_T}{\cos\rho}\cos\rho$

$= \mu P_T$

であるため

$P_T\tan\rho_T \geqq \mu P_T$

$\tan\rho_T \geqq \mu$

■ つめ車の摩擦角と摩擦係数の関係 [72]

$$\tan\rho_T \geqq \mu \qquad (3\text{-}139)$$

つめ車の摩擦角を 12° と仮定し，摩擦係数 $\mu = 0.2$ とすると，式 3-139 より次のようになる。

$$\tan 12° = 0.213 > 0.2 \qquad (3\text{-}140)$$

このことから，$\rho_T = 12°$（設計値）でよいことがわかる。

【73】 式11-34

$p_T \cong 3.75\sqrt[3]{\dfrac{T}{kz\sigma_b}}$ [mm]

● **つめ車のピッチ**　つめ車のピッチ p_T[mm] は，つめ曲げ強さの計算式 式11-34 [73] より求めることができる。

つめ車の材質はブレーキドラムと同じ FC200 であるため，付表9-1 より許容曲げ応力 $\sigma_b = 41.2$ MPa となる。つめ車に作用するトルク T[N・mm] は式 3-98 の荷物の降下時中間軸に作用するトルク T_2'[N・mm] を用いる。また，歯幅係数 $k = 1.0$ とする。つめ車のピッチ p_T[mm] は，式11-34 [73] より次のとおりとなる。

$$p_T = 3.75 \times \sqrt[3]{\frac{1.81\times10^5}{1.0\times20\times41.2}} = 22.63\,\text{mm} \qquad (3\text{-}141)$$

【74】ピッチ p_T

ピッチ p_T は無理数となるため有効数 4 桁で表している。

このことから，ピッチ p_T は 22.63 mm 以上 [74] 必要である。

● **つめ車のモジュール**　つめのモジュール m_T には，歯車の場合のような規定はないが一般的には 8〜18 の整数値とすると，モジュール m_T [75] は，次のとおりとなる。

【75】つめ車のモジュール

$m_T = \dfrac{D_T}{z_T} = \dfrac{p_T}{\pi}$

$$m_T = \frac{22.63}{\pi} = 7.20 \qquad (3\text{-}142)$$

この値とブレーキドラム，中間軸歯車，フレームのつなぎボルトとの干渉を考えて $m_T = 8$ と仮定すると，ピッチ p_T[mm] は次の値となる [46]。

$$p_T = \pi\cdot m_T = \pi\times8 = 25.13\,\text{mm} \qquad (3\text{-}143)$$

この値は，先に計算した 22.63 mm よりも大きく安全であるため，ピッチ $p_T = 25.13$（設計値）とする。このモジュール m_T を使って，つめ車の各値を決定していく。つめ車の歯先円直径 D_T[mm] は，次のようになる。

$$D_T = z_T\cdot m_T = 20\times8 = 160\,\text{mm} \qquad (3\text{-}144)$$

つめの歯の高さ h_T[mm]，歯幅 b_T[mm]，先端の厚さ c_T[mm] は 11-2-1項 の関係を用いて，次のようになる。

$$h_T \cong 0.35\times p_T = 0.35\times25.13 = 8.796\,\text{mm} \qquad (3\text{-}145)$$

78　第 3 章　手巻きウインチ

これより $h_T = 8.8\,\mathrm{mm}$ とする。

$$b_T \cong k \times p_T = 1.0 \times 25.13 = 25.13\,\mathrm{mm} \tag{3-146}$$

これより $b_T = 25\,\mathrm{mm}$ とする。

$$c_T \cong 0.25 \times p_T = 0.25 \times 25.13 = 6.283\,\mathrm{mm} \tag{3-147}$$

これより $c_T = 6.3\,\mathrm{mm}$ とする。

つめ軸 つめ軸に働く力からつめ軸の径を計算する。つめ軸に働く力は曲げとせん断である。それぞれの力については 第4章 を参照する。

まず，曲げについて検討する。この場合，根元の断面において最大曲げモーメント[76]が作用し，それに対応する曲げ応力が生じる。許容曲げ応力 $\sigma_b\,[\mathrm{MPa}]$，つめの幅 $l_s\,[\mathrm{mm}]$ とすると，軸径 $d_t\,[\mathrm{mm}]$ は次式から求めることができる。

■ 曲げを考慮した場合の軸径

$$d_t \geqq \sqrt[3]{\frac{16 P_T l_s}{\pi \sigma_b}}\,[\mathrm{mm}] \tag{3-148}$$

次に，せん断力について検討する。つめ軸に生じるせん断応力は 式4-4 [15]によって求められる。最大せん断応力 $\tau_a\,[\mathrm{MPa}]$ とすると，軸径 $d_t\,[\mathrm{mm}]$ は次式から求められる。

■ せん断を考慮した場合の軸径

$$d \geqq \sqrt{\frac{4 P_T}{\pi \tau_a}}\,[\mathrm{mm}] \tag{3-149}$$

式 3-148，式 3-149 よりそれぞれ軸径を求め，大きい方の値を採用する。

歯先に働く力 $P_t\,[\mathrm{N}]$ は，次のとおりである。

$$P_T = \frac{2\,T_2{'}}{D_T} = \frac{2 \times 1.81 \times 10^5}{160} = 2.27 \times 10^3\,\mathrm{N} \tag{3-150}$$

つめ軸の材料を S50C とすると，S50C の許容曲げ応力 $\sigma_b = 78\,\mathrm{MPa}$ である。つめの幅を $l_s\,[\mathrm{mm}]$ とつめ車の歯幅 $b_T\,[\mathrm{mm}]$ と同じ $l_s = 25\,\mathrm{mm}$ とすると，曲げを考慮した場合の軸径 $d_t\,[\mathrm{mm}]$ は式 3-148 より次のとおりとなる。

$$d_t \geqq \sqrt[3]{\frac{16 \times 2.27 \times 10^3 \times 25}{\pi \times 78}} = 15.5\,\mathrm{mm} \tag{3-151}$$

次に，S50C の許容せん断応力 $\tau_a = 58\,\mathrm{MPa}$ であるので，せん断を考慮した場合の軸径 $d_t\,[\mathrm{mm}]$ は，式 3-149 より次のとおりとなる。

$$d_t \geqq \sqrt{\frac{4 \times 2.27 \times 10^3}{\pi \times 58}} = 7.04\,\mathrm{mm} \tag{3-152}$$

これらの結果より，曲げを考慮した場合の値を採用し，つめ軸の直径 $d_t \geqq 15.5\,\mathrm{mm}$ より $d_t = 20\,\mathrm{mm}$（設計値）とする。

[76] 最大曲げモーメント
式4-14 より求められ，つめにかかる分布荷重は 式11-30 より求められるので，最大曲げモーメントは符号も整理すると

$$M_{\max} = \frac{w l_s^2}{2}\,[\mathrm{N \cdot mm}]$$

となる。つめ軸の直径を d とすると，断面係数は 表4-3 より，$\pi d^3/32$ となるため，曲げ応力は

$$\sigma = \frac{16 w l_s}{\pi d^3}\,[\mathrm{MPa}]$$

で与えられる。許容曲げ応力を σ_b とすると，軸径 $d_t\,[\mathrm{mm}]$ は式 3-148 のとおりとなる。

つめ

これまで決定した値を使って図3-22のようなつめ車を作図する。この図を用いて，つめの主要部（ハブ部の径 d_{0t} [mm]，柱部の長さ l_t [mm]，厚さの最小部 b_t [mm]）の値を仮決定する。ハブ部の径 d_{0t} [mm] はつめ軸の径 d_t [mm] より経験的に定められている[77]。また，つめの高さの最小値 h_t [mm] は，つめ車の歯の高さ h_T [mm] 以上にしておく。つめの厚さの最小値 b_t [mm] はつめの歯幅以下にする。

ハブ部の径 d_{0t} [mm] は，次のとおりとなる。

$$d_{0t} = 2.0 \times 20 = 40 \text{ mm} \tag{3-153}$$

柱部の長さ l_t [mm] は図3-22より，$l_t = 55$ mm とする。最小高さ h_t [mm] はつめ車の歯の高さ $h_T = 8.8$ mm であることから，$h_t = 8.8$ mm とする。最小幅 b_t [mm] は，つめ車の歯幅が25 mm であることから，$b_t = 25$ mm とする。

次に仮決定したつめの寸法に対して，強度検討を行う。つめには荷物の自重などによる荷重が働くために屈曲強さを考慮する必要がある。つめの屈曲強さについては，4-6-5項 で用いられているランキンの公式を適用する[78]。

ランキンの公式 式4-60 [79] を用いてつめの中央部分について検討する。**最小断面二次半径** $k = \sqrt{I_0/A_t}$ [mm] で表される。I_0 [mm⁴] は**主断面二次モーメント**[80] で，この場合は次式のとおりとなる。

$$I_0 = \frac{1}{12} b_t h_t^3 = \frac{1}{12} \times 25 \times 8.8^3 = 1419.73 \text{ mm}^4 \tag{3-154}$$

また，断面積 A_t を [mm²] は次のとおりとなる。

$$A_t = l_s h_t = 25 \times 8.8 = 220 \text{ mm}^2 \tag{3-155}$$

これらの値より，最小断面二次半径 k [mm] は次のとおりとなる。

$$k = \sqrt{\frac{1419.73}{220}} = 2.54 \text{ mm} \tag{3-156}$$

したがって，l_t / k は次のようになる。

$$\frac{l_t}{k} = \frac{55}{2.54} = 21.7 \tag{3-157}$$

n は 表4-5 より最も危険となる条件を考えて，$n = 1/4$ とする。つめの材質は，強じん性を有し，特に厚肉部の板厚方向の強さが一般的な圧延材よりも高いことから SF340A とする。表4-6 より SF340A（軟鋼），応力定数 $\sigma_d = 330$ MPa，$a = 1/7500$ とすると，屈曲強さ σ_R [MPa] は 式4-60 [79] より次のように計算できる。

$$\sigma_R = \frac{330}{\left(1 + \dfrac{1/7500}{1/4} \times 21.7^2\right)} = 264 \text{ MPa} \tag{3-158}$$

表4-7 より安全率 $S_t = 5$ とすると，つめの許容荷重 P_A [N] は次

【77】 ハブ部の径 d_{0t}

$d_{0t} = (1.8 \sim 2.0)\, d$ [mm]

【78】 つめの屈曲強さ

屈曲強さ σ_R はランキンの公式 式4-60 より求められ，つめの許容荷重 P_A は

$$P_A = \frac{A\sigma_R}{S} \geqq P$$

となる。ここで，A はつめの断面積，S は 表4-7 に示す屈曲強さに関する安全率である。

【79】 式4-60

$$\sigma_{cr} = \frac{\sigma_d}{1 + \dfrac{a}{n}\left(\dfrac{l}{k}\right)^2} \text{ [Pa]}$$

【80】 主断面二次モーメント I_0

断面の中立軸の取り方によって断面二次モーメントが変わる場合に最小となる断面二次モーメント。I_0 は k に影響するため小数点以下2桁まで表している。

のとおりとなる。

$$P_A = \frac{220 \times 264}{5} = 1.16 \times 10^4 \text{ N} \qquad (3\text{-}159)$$

つめに働く力 P_T [N] はつめ軸の計算で求めたように，$P_T = 2.27 \times 10^3$ N であり，P_T [N] は P_A [N] より小さいため，このつめの強度は十分となる。

以上のことから軸方向長さの概略が決定されたため，フレーム厚さ $t_f = 10$ mm と仮定し，各歯車や制動装置などを配置した寸法を図3-23に示す。この図は次節で求める各軸の軸径の算出時に必要となるものである。

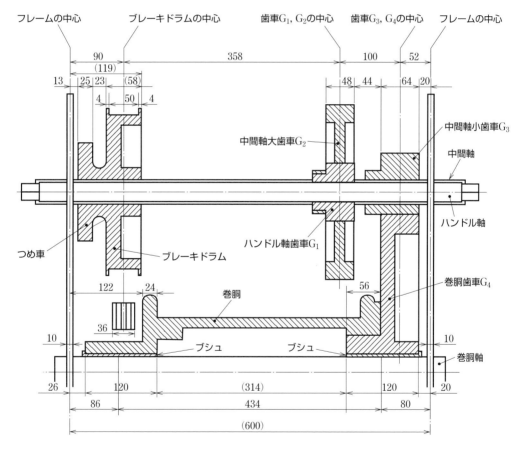

図3-23　各歯車と制動装置の配置図

3-6 軸

2章での歯車減速装置における歯車の**軸径**の検討時においては，軸の長さが短かったため，ねじりのみを考慮したが，ここでは軸長さが長いため，軸径を検討する際には，軸の**曲げ**と**ねじり**の両方を検討する必要がある．

3-6-1 各軸にかかる力

手巻きウインチにおいて各軸にかかる力を考えた場合，曲げによる影響とねじりによる影響の両方を検討する必要がある．はりにおける曲げとねじりを考慮した場合の軸径の検討は 7-3-3項 より，軸にかかるトルク T[N·mm]，曲げモーメント M[N·mm] とすると，軸径 d[mm] は次のとおりとなる．

■ 曲げとねじりを考慮した場合の軸径

$$d \geqq \sqrt[3]{\frac{16}{\pi \cdot \tau_a}\sqrt{M^2+T^2}}\,[\mathrm{mm}] \qquad (3\text{-}160)$$

ここで，τ_a[MPa] は軸の**許容せん断応力**で，JIS B 8266：2010 より，許容引張応力の 0.8 倍とすればよい．この式 3-160 を基本として，まずそれぞれの軸に対して，軸径の検討を行い，軸受やキーなどの部品について検討を行う．なお，軸の材質はすべての軸で S50C と仮決定する．

3-6-2 ハンドル軸

軸径

ハンドル軸に取り付けられるのは，ハンドル軸歯車 G_1 とクランクハンドルである．ハンドル軸

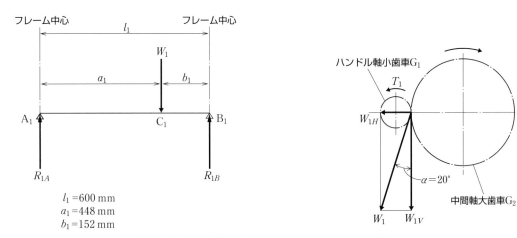

$l_1 = 600$ mm
$a_1 = 448$ mm
$b_1 = 152$ mm

図 3-24　巻上げ時にハンドル軸に作用するトルクおよび力

に力が最も働くのはハンドル操作をしているときであり，荷物を巻き上げているときである。その巻上げ時に，ハンドル軸にはハンドル操作をした時のねじりと，ハンドル軸歯車 G_1 と中間軸大歯車 G_2 のかみあいによる曲げが働く。このときにハンドル軸に働く力とトルクを図 3-24 に示す。このハンドル軸について式 3-160 におけるねじりと曲げについて検討する。ねじりによって作用するトルク $T_1 [\text{N·mm}]$ は，ハンドルの操作力 $F_h [\text{N}]$ とし，ハンドルの長さ $L_h [\text{mm}]$ とすると，3-4-1 で求めたように，次のとおりとなる。

$$T_1 = F_h \cdot L_h = 7.50 \times 10^4 \, \text{N·mm} \tag{3-161}$$

次に，曲げによって作用する曲げモーメント $M_1 [\text{N·mm}]$ については，ハンドル軸に働く力から次のようにして求める。ハンドル軸を 表4-1 に示す両端支持はりと考えると，図 3-24 に示すように，歯車対のかみあいによって発生する曲げは，歯の幅の中心である点 C_1 に働く集中荷重 $W_1 [\text{N}]$ として表すことができる。この荷重 $W_1 [\text{N}]$ はハンドル軸歯車 G_1 の自重と歯車対のかみあいのために働く力の合力である。歯車対のかみあい力は図 3-24 の側面図で示しているように，歯車対のかみあい部における接線方向から圧力角 $\alpha [°]$ 傾いている。一方，歯車の自重は鉛直方向に働く。したがって，それぞれの力を鉛直方向と水平方向に分解して，荷重の検討を行う。

鉛直方向に働く力 $W_{1V} [\text{N}]$ は，集中荷重 $W_1 [\text{N}]$ を用いると，次のようになる。

$$W_{1V} = W_1 \cos\alpha = \frac{T_1}{\dfrac{d_{G1}}{2}} = \frac{7.50 \times 10^4}{\dfrac{84}{2}} = 1.79 \times 10^3 \, \text{N} \tag{3-162}$$

この $W_{1V} [\text{N}]$ より，ハンドル軸歯車 G_1 の自重 $m_{G1} [\text{kg}]$，重力加速度を $g [\text{m/s}^2]$ として，集中荷重 $W_1 [\text{N}]$ を表すと，次のようになる。

$$\begin{aligned}
W_1 &= \frac{1}{\cos\alpha}(W_{1V} + m_{G1} \cdot g) \\
&= \frac{1}{\cos 20°}\left(1.79 \times 10^3 + \frac{\pi}{4} \times 84^2 \times 48 \times 7.8 \times 10^{-6} \times 9.81\right) \\
&= 1.93 \times 10^3 \, \text{N} \tag{3-163}
\end{aligned}$$

支点の反力は 式4-17 [81] より求められ，軸方向の構成を示した図 3-23 より，$l_1 = 600 \, \text{mm}$，$a_1 = 448 \, \text{mm}$，$b_1 = 152 \, \text{mm}$ であるため，次のようになる。

$$R_{1A} = \frac{b_1}{l_1} \cdot W_1 = \frac{152}{600} \times 1.93 \times 10^3 = 4.89 \times 10^2 \, \text{N} \tag{3-164}$$

$$R_{1B} = \frac{a_1}{l_1} \cdot W_1 = \frac{448}{600} \times 1.93 \times 10^3 = 1.44 \times 10^3 \, \text{N} \tag{3-165}$$

このうち A_1 点側の反力を用いて最大曲げモーメントを導く。最大曲

[81] 式4-17

$$R_A = \frac{b}{l} W \, [\text{N}]$$

$$R_B = \frac{a}{l} W \, [\text{N}]$$

げモーメント $M_{1\max}$[N·mm] は，次のようになる。

$$M_{1\max} = R_{1A} \cdot a_1 = 4.89 \times 10^2 \times 448 = 2.19 \times 10^5 \,\text{N·mm} \tag{3-166}$$

S50C の許容引張応力 $\sigma_a = 98$ MPa とすると，S50C の許容せん断応力 τ_a[MPa] は，$\tau_a = 98 \times 0.8 = 78.4$ MPa となる。また，ハンドル軸はキーを使ってハンドル軸歯車 G_1 と固定されるため，$\gamma = 0.75$ とすると[82]，許容せん断応力 τ_a[MPa] は次のようになる。

$$\tau_a = 0.75 \times 78.4 = 58.8 \,\text{MPa} \tag{3-167}$$

【82】軸にキーがある場合
軸にキー溝がある場合とない場合の比 γ は 式7-39 で表されるが，JIS B1301：1996 に規定されたキーに関しては，$\gamma = 0.75 \sim 0.8$ とすればよい。

したがって，ハンドル軸の軸径 d_1[mm] は式 3-160 より，次のとおりとなる。

$$d_1 \geq \sqrt[3]{\frac{16}{\pi \times 58.8} \sqrt{(2.19 \times 10^5)^2 + (7.5 \times 10^4)^2}} = 27.1 \,\text{mm} \tag{3-168}$$

付表7-1 よりハンドル軸は軸径 $d_1 = 28$ mm となる。

軸受　　一般的に，手巻きウインチにはすべり軸受を用いることが多いが，近年の玉軸受の強度の向上に伴い，玉軸受を使用する製品が出ている。そこで，軸受に表3-9（ひし形フランジユニット玉軸受，JIS B 1557：2012）に示す玉軸受とし，軸径によって，使用する呼び番号は決定される。ここでは，UCFL206形

表 3-9　UCFL 形ユニット主軸受の各寸法および基本定格荷重

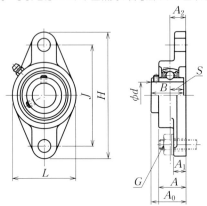

| 呼び番号 | 寸法 [mm] |||||||||| 組み合わせ部品の呼び番号 || 基本動定格荷重 | 基本静定格荷重 |
	d	H (最大)	L (最大)	A (最大)	J	A_1 (最大)	A_2	A_0	B	S (参考)	G (参考)	軸受	軸受箱	C [kN]	C_0 [kN]
UCFL205	25	132	70	29	99	15	16	35.8	34.1	14.3	M14	UC205	FL205	14.0	7.85
UCFL206	30	150	82	33	117	15	18	40.2	38.1	15.9	M14	UC206	FL206	19.5	11.3
UCFL207	35	163	92	36	130	17	19	44.4	42.9	17.5	M14	UC207	FL207	25.7	15.3
UCFL208	40	177	102	38	144	17	21	51.2	49.2	19	M14	UC208	FL208	29.1	17.8
UCFL209	45	190	110	40	148	19	22	52.2	49.2	19	M16	UC209	FL209	32.5	20.4
UCFL210	50	199	117	42	157	19	22	54.6	51.6	19	M16	UC210	FL210	35.0	23.2

各寸法は JIS B 1557：2012，基本定格荷重は JIS B 1518：2013 より引用

ユニットを採用する。この軸受は対応軸径が30 mmであるため，ハンドル軸の軸径を $d_1 = 30$ mm（設計値）に変更する。寿命は，運転時間を平均して1日5時間で週に2日使用し，耐用年数10年間と考えると，5時間 × 2日 × 52週 × 10年 ＝ 5200時間であり，少し多めにとって，$L_{bh} = 5500$ 時間とする。**2-4** と同様に，基本動定格荷重 C が設計仕様を満たすか検討する。

平歯車列において，スラストはゼロとなるため，ハンドル軸の軸受には反力がそれぞれ働く。ここでは，支点反力 R_{1A}，R_{1B} のうち，大きい方の $R_{1B} = 1.44 \times 10^3$ N を用いることとする。その際，歯車係数 f_z，機械係数 f_d を考慮し，軸受負荷 F_{1b}［N］は次のようになる。

$$F_{1b} = f_Z \cdot f_d \cdot R_{1B} = 1.2 \times 1.1 \times 1.44 \times 10^3 = 1.90 \times 10^3 \text{ N}$$

(3-169)

基本定格寿命 L_{10} は式8-13 [83] により求められるため，必要な基本動定格荷重 C_{b1}［N］は，次のようになる。

$$\begin{aligned} C_{b1} &= L_{10}^{\frac{1}{3}} F_{1b} = \left(\frac{L_{bh} N_1 60}{10^6} \right) \cdot F_{1b} \\ &= \left(\frac{5500 \times 60 \times 60}{10^6} \right)^{\frac{1}{3}} \times 1.90 \times 10^3 = 5.14 \times 10^3 \text{ N} \end{aligned}$$

(3-170)

UCFL206は，JIS B 1518：2013より基本動定格荷重 $C = 19.5$ kN であるため，$C_{b1} < C$ より，UCFL206形ユニットを用いる。

■ ハンドル軸歯車 G_1 連結部のキー

一般的によく用いられている**沈みキー**を採用する。 7-6-1項 のキーに生じるせん断応力 τ［MPa］は 式7-34 [84] より求めることができる。また，キー側面における面圧 p［MPa］は 式7-35 [85] より求めることができる。これらの値がキーの材料の**許容せん断応力** τ_a［MPa］および**許容面圧** p_a［MPa］以下になるようにキーの寸法を決定する。しかしながら， 7-6-1項 に書かれているように，キーの軸径に対する断面寸法は JIS B 1301：1996 で規定されているため，キーの強度を確保するためには長さ l_k［mm］が 式7-36 ， 式7-37 を満足するように決定すればよい [86]。

ハンドル軸の材料がS50Cであるため，キーの材質はそれより強いものとして，S55Cとする。これにより許容せん断応力 $\tau_a = 64 \sim 96$ MPa，許容圧縮応力 $\sigma_a = 80 \sim 120$ MPa となる。手巻きウインチは常時回転する機械ではなく，片振り荷重の繰返し頻度は少ないため，許容応力はそれぞれ大きい方の値をとればよいこととする。ハンドル軸の軸径 $d_1 = 30$ mm であるため， 付表7-2 （JIS B 1301：1996）より，キーの幅 b_{k1}［mm］および高さ h_{k1}［mm］はそれぞれ，$b_{k1} = 8$ mm，$h_{k1} = 7$ mm である。また，ハンドル軸に発生するトルク T［N·mm］

---

[83] 式8-13

$$L_{10} = \left(\frac{C}{F} \right)^{n_L} \text{［}10^6 \text{ 回転］}$$

ここで $n_L = 3$

[84] 式7-34

$$\tau = \frac{F}{bl} = \frac{2T}{bld} \text{［MPa］}$$

[85] 式7-35

$$p = \frac{2F}{hl} = \frac{4T}{hld} \text{［MPa］}$$

[86] 式7-36 式7-37

$$l \geqq \frac{2T}{\tau_a bd} \text{［mm］}$$

$$l \geqq \frac{4T}{p_a hd} \text{［mm］}$$

3-6 軸 **85**

は 3-6-1 で求めた $T_1 = 7.5 \times 10^4\,\text{N·mm}$ であり，これらの値を l_{k1} [mm] に関する式に代入すると，次のようになる。

$$l_{k1} \geqq \frac{2 \times 7.5 \times 10^4}{96 \times 8 \times 30} = 6.51\,\text{mm} \tag{3-171}$$

$$l_{k1} \geqq \frac{4 \times 7.5 \times 10^4}{120 \times 7 \times 30} = 11.9\,\text{mm} \tag{3-172}$$

長い方の $l_{k1} = 11.9\,\text{mm}$ を採用すればよいが，ハンドル軸歯車 G_1 のハブ長さ l_{G1} を検討する必要がある。ハンドル軸歯車 G_1 は基準円直径 $d_1 = 84\,\text{mm}$ であるため，一般的にはハブ長さ l_{G1} [mm] は歯の幅以上あれば良いとされている。ハンドル軸歯車 G_1 のハブには位置決めのためのボルト穴をあけるため，ハブ長さ $l_{G1} = 70\,\text{mm}$（設計値）とする。したがってキー長さ $l_{k1} = 70\,\text{mm}$（設計値）とする。

クランクハンドル取り付け部

ハンドル軸とクランクハンドルは，取外しが可能で，クランクハンドルが滑らないように，一般的には軸端四角部で接続する。断面形状は応力の均一性を考慮し，正方形断面とする。正方形の一辺の長さ B_h [mm] を導く時，四角形断面の角棒のねじりを考える。4-5-2項 の考え方を拡張すると，正方形断面の棒に働く場合のせん断応力 τ より，正方形の一辺の長さ B_h [mm] を導くことができる [87]。

【87】ハンドル軸端部一辺長さ
$B = \sqrt[3]{\dfrac{12T}{\sqrt{2}\,\tau}}$ [mm]
ここで，T は棒に作用するトルクである。

ハンドル軸の材質が S50C であるため，許容せん断応力 τ_a [MPa] は硬鋼，ねじり荷重が働く場合の片振り繰返し荷重の値を採用し，$\tau_a = 60 \sim 96\,\text{MPa}$ である。最大値である $\tau_a = 96\,\text{MPa}$ とすると，正方形の一辺の長さ B_h は，次のとおりとなる。

$$B_h = \sqrt[3]{\frac{12 \times 7.5 \times 10^4}{\sqrt{2} \times 96}} = 18.8\,\text{mm} \tag{3-173}$$

この値を基に，四角穴の寸法の一般的な参考値を示した表 3-10 から，$B_h = 19\,\text{mm}$（設計値）とし，$d_{h0} = 44\,\text{mm}$（設計値）とする。また l_{ha} [mm] は最小で $l_{ha} = 26\,\text{mm}$ であるため，$l_{ha} = 26\,\text{mm}$（設計値）とする。

表 3-10 角穴の参考基準寸法

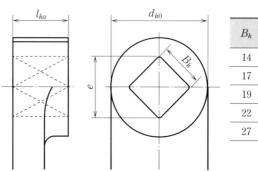

B_h	e	l_{ha} 最小	d_{h0} 最小
14	19.2	20	34
17	23	22	40
19	26	26	44
22	29.5	30	52
27	36.5	32	58

大西清著：新機械設計製図演習 1　手巻ウインチクレーン，オーム社 (1988), p.19 より引用

**クランク
ハンドル**　クランクハンドルは図3-25に示すように長方形断面を持つ棒であり，寸法決定には曲げを考慮する。長方形断面の棒の曲げに関しては，4-4-3項で示されているとおりである。断面係数Zは，bをハンドルの厚さ，hをハンドルの幅とすると表4-2より求められる。この断面係数を用いると，最大曲げ応力$\sigma_{\max}$は曲げモーメントをMとすると，式4-39[88]より求められる。

ハンドルにかかるモーメントM_h[N・mm]はハンドルの操作力F_h[N]，ハンドル長さL_h[mm]とすると$M_h = F_h L_h$[N・mm]であるため，これを用いて，さらに軸端四角部で決定したように$h = d_{h0}$[mm]であることを用いると，ハンドルの厚さb_h[mm]が求められる[89]。

ハンドルの材質をSF390Aとし，許容圧縮応力σ_b[MPa]は，軟鋼，曲げ荷重が働く場合の片振り繰返し荷重の値より$\sigma_b = 60 \sim 100$ MPaとなる。範囲内の最大値をとり，$\sigma_b = 100$ MPaとし，$d_{h0} = 44$ mmとする。また，$L_h = 500$ mm，$F_h = 150$ Nであるため，ハンドル厚さb_h[mm]は，次のようになる。

$$b_h \geqq \frac{6 \times 150 \times 500}{100 \times 44^2} = 2.32 \text{ mm} \tag{3-174}$$

ここでは，$b_h = 15$ mm（設計値）とする。

ハンドル握り部は，軸とパイプの二重構造とし，回しやすくする。握り部については，握り部中央に力F_h[N]が作用すると考える。握り部長さl_h[mm]については，一般的には$l_h = 200 \sim 300$ mm程度にすることが多い。握り部軸は，材質をSS400とすると，許容圧縮応力は

[88] 式4-39
$$\sigma_{\max} = \frac{M}{Z} \text{ [MPa]}$$

[89] ハンドルの厚さ
$$b \geqq \frac{6FL}{\sigma_b d_0^2} \text{ [mm]}$$
ここで，σ_b[MPa]は用いる材質の許容圧縮応力である。

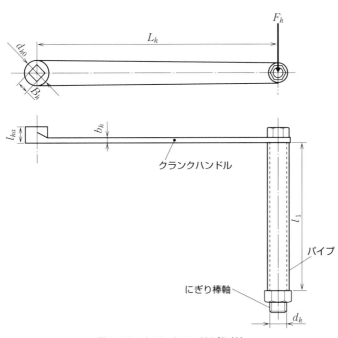

図3-25　クランクハンドル諸寸法

$\sigma_a = 100\,\mathrm{MPa}$ である。両手で回すことを想定し，握り部長さ $l_h\,[\mathrm{mm}]$ を $l_h = 300\,\mathrm{mm}$ とすると，握り部軸径 $d_h\,[\mathrm{mm}]$ は，次のように計算することができる[90]。

$$d_h = \sqrt[3]{\frac{16 \times 150 \times 300}{\pi \times 100}} = 13.2\,\mathrm{mm} \tag{3-175}$$

付表7-1 より $d_h = 16\,\mathrm{mm}$（設計値）とする。

> **カラー**　　　　ハンドル軸が軸受から抜けることを防止するためと，歯車等とフレームの間のすきまの調整のためにカラーを取り付けることにする。カラーは止めねじで軸に固定する。

材質を SS400 とし，カラーの外径 $d_c\,[\mathrm{mm}]$ は軸受の外径 $D_0\,[\mathrm{mm}]$ を考慮して D_0 よりやや小さい $d_{1c} = 60\,\mathrm{mm}$（設計値）とする。幅 b_{1c} $[\mathrm{mm}]$ は軸方向の構成図を示した図 3-23 より，ハンドル軸歯車 G_1 とフレームの間のすきまと同じにし，$b_{1c} = 123\,\mathrm{mm}$（設計値）とする。

3-6-3 中間軸

> **軸径**　　　　中間軸に取り付けられるのは，中間軸大歯車 G_2，中間軸小歯車 G_3，およびブレーキドラム・つめ車である。このため，中間軸の軸径を決定する際，制動時と巻上げ時の両方の状態に対して検討を行う必要がある。両方の場合について軸径を求め，太い方の値を採用するが，ここでは，トルクやモーメントが大きい制動時の場合について検討する。一方，巻上げ時の場合は，側注[91] に示す。

図 3-26 に制動時の中間軸に働く力とトルクを示す。中間軸もねじりと曲げが両方働く場合の式 3-160 を用いて軸径を検討する。

式 3-160 におけるトルク T_2 は制動トルク T_{2b} である。この T_{2b} $[\mathrm{N \cdot mm}]$ は，一般に **3-5-1** で求めた中間軸に作用するトルク $T_2{}'$ $[\mathrm{N \cdot mm}]$ の 150% と考えることが多い。式 3-98 より，$T_2{}' = 1.81 \times 10^5\,\mathrm{N \cdot mm}$ であるため，$T_{2b}\,[\mathrm{N \cdot mm}]$ は，次のようになる。

$$T_{2b} = 1.50 \cdot T_2{}' = 1.50 \times 1.81 \times 10^5 = 2.72 \times 10^5\,\mathrm{N \cdot mm} \tag{3-176}$$

次に曲げモーメントは，制動時に中間軸に作用する力を基に計算する。制動時に中間軸に働く力は，図 3-26 に示すように，歯車対に働く力とブレーキ装置に働く力がある。まず，制動時に力が伝達される歯車対のうち，中間軸に働くのは中間軸小歯車 G_3 である。中間軸小歯車 G_3 に働く力 $W_{2C}\,[\mathrm{N}]$ はハンドル軸の場合と同様に考えると，次式で与えられる。

$$W_{2C}\cos\alpha = \frac{T_{2b}}{\dfrac{d_{G3}}{2}} \quad [\mathrm{N}] \tag{3-177}$$

【90】握り部軸径

$$d_h \geqq \sqrt[3]{\frac{Fl/2}{\pi\sigma_b/32}}$$
$$= \sqrt[3]{\frac{16Fl}{\pi\sigma_b}} \quad [\mathrm{mm}]$$

【91】巻上げ時の中間軸の軸径

巻上げ時に働く力は，ハンドル軸歯車 G_1 と中間軸大歯車 G_2 のかみあい力と中間軸小歯車 G_3 と巻胴歯車 G_4 のかみあい力である。これによって生じるトルクと曲げモーメントは，一般的に，中間軸に働くトルクの 1.5 倍とした制動時に発生するトルクと曲げモーメントより，かなり小さいといえる。このため，制動時の場合について検討した軸径より大きくなることはない。

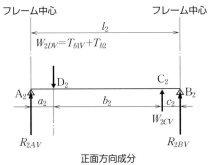

$l_2 = 600$ mm
$a_2 = 90$ mm
$b_2 = 458$ mm
$c_2 = 52$ mm

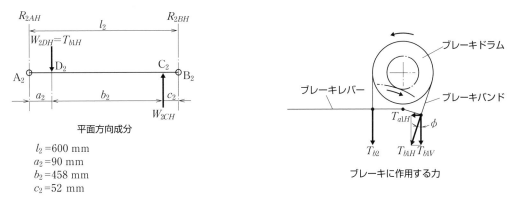

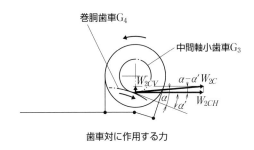

図 3-26　ブレーキ動作時の中間軸に作用するトルクおよび力

ここで，d_{G3}[mm] は中間軸小歯車 G_3 の基準円直径であり，また中間軸に働くトルク T_2[N·mm] は制動トルク T_{2b}[N·mm] に対応したものであると考え，T_{2b}[N·mm] を用いる。W_{2C}[N] の鉛直方向成分 W_{2CV}[N]，水平方向成分 W_{2CH}[N] は，中間軸小歯車 G_3 の圧力角 α[°]，中間軸中心と巻胴軸中心を結んだ線の傾き角 α'[°]，中間軸小歯車 G_3 の自重 m_{G3}[kg] を用いると，それぞれ次式で表される。

$$W_{2CV} = \frac{1}{\cos\alpha}\left(\frac{2T_{2b}}{d_{G3}}\sin(\alpha-\alpha') + m_{G3}\cdot g\right) \text{ [N]} \quad (3\text{-}178)$$

$$W_{2CH} = \frac{1}{\cos\alpha}\left(\frac{2T_{2b}}{d_{G3}}\cos(\alpha-\alpha')\right) \text{ [N]} \quad (3\text{-}179)$$

中間軸小歯車 G_3 は圧力角 $\alpha = 20°$，図 3-16 より，中間軸中心と巻胴軸中心を結んだ線の傾き角 $\alpha' = 16.93°$ であるため，W_{2CV}，W_{2CH} は次のとおりとなる。

$$\begin{aligned}W_{2CV} &= \frac{1}{\cos 20°}\left(\frac{2\times 2.72\times 10^5}{112}\times\sin(20-16.93) + \frac{\pi}{4}\times 112^2\times 64\times 7.8\times 10^{-6}\times 9.81\right)\\ &= 3.28\times 10^2 \text{ N}\end{aligned} \quad (3\text{-}180)$$

$$W_{2CH} = \frac{1}{\cos 20°}\left(\frac{2\times 2.72\times 10^5}{112}\times\cos(20-16.93°)\right) = 7.06\times 10^3 \text{ N} \quad (3\text{-}181)$$

次に制動時にブレーキ装置に働く力は，T_{b1}[N]，T_{b2}[N] があり，これらの力は **3-5** で求めたとおり，次の値である。

$$T_{b1} = 4.38 \times 10^3 \text{ N} \tag{3-182}$$

$$T_{b2} = \frac{F_b}{e^{\mu\theta} - 1} = \frac{2.18 \times 10^3}{1.9921 - 1} = 2.20 \times 10^3 \text{ N} \tag{3-183}$$

ブレーキドラムに働く力の鉛直方向成分 W_{2DV}[N]，水平方向成分 W_{2DH}[N] はブレーキドラムとつめ車の自重を m_b[kg] とすると，次のようになる。

$$W_{2DV} = T_{b1V} + T_{b2} + m_b g = T_{b1}\cos\phi + T_{b2} + m_b g \text{ [N]} \tag{3-184}$$

$$W_{2DH} = T_{b1H} = T_{b1} \cdot \sin\phi \text{ N} \tag{3-185}$$

式 3-108 より，ブレーキレバーの傾き ϕ [rad] は $\phi = 0.305$ rad であるので，鉛直方向成分 W_{2DV} [N]，水平方向成分 W_{2DH} [N] はそれぞれ，次の値となる。

$$W_{2DV} = 4.38 \times 10^3 \times \cos 0.305 + 2.20 \times 10^3$$
$$+ \left(\frac{\pi}{4} \times 250^2 \times 50 + \frac{\pi}{4} \times 160^2 \times 25 \right) \times 7.8 \times 10^{-6}$$
$$\times 9.81 = 6.61 \times 10^3 \text{ N} \tag{3-186}$$

$$W_{2DH} = 4.38 \times 10^3 \times \sin 0.305 = 1.32 \times 10^3 \text{ N} \tag{3-187}$$

これらの力のつりあいから，支点反力 R_{2A}[N]，R_{2B}[N] が求められるが，鉛直方向成分 R_{2AV}[N]，R_{2BV}[N]，水平方向成分 R_{2AH}[N]，R_{2BH}[N] に分解して考える。

軸方向の構成を示した図 3-23 より，$l_2 = 600$ mm，$a_2 = 90$ mm，$b_2 = 458$ mm，$c_2 = 52$ mm である。したがって，鉛直方向成分 R_{2AV}[N]，R_{2BV}[N] は，それぞれ次のとおりになる。

$$R_{2AV} = \frac{-W_{2CV}c_2 + W_{2DV}(b_2 + c_2)}{l_2}$$
$$= \frac{-3.28 \times 10^2 \times 52 + 6.61 \times 10^3 \times (458 + 52)}{600}$$
$$= 5.59 \times 10^3 \text{ N} \tag{3-188}$$

$$R_{2BV} = \frac{-W_{2CV}(a_2 + b_2) + W_{2DV}a_2}{l_2}$$
$$= \frac{-3.28 \times 10^2 \times (90 + 458) + 6.61 \times 10^3 \times 90}{600}$$
$$= 7.60 \times 10^2 \text{ N} \tag{3-189}$$

水平方向成分 R_{2AH}[N]，R_{2BH}[N] は，それぞれ次のとおりとなる。

$$R_{2AH} = \frac{W_{2CH}c_2 - W_{2DH}(b_2 + c_2)}{l}$$
$$= \frac{7.06 \times 10^3 \times 52 - 1.32 \times 10^3 \times (458 + 52)}{600}$$
$$= -6.69 \times 10^2 \text{ N} \tag{3-190}$$

$$R_{2BH} = \frac{W_{2CH}(a_2 + b_2) - W_{2DH}\,a_2}{l}$$
$$= \frac{7.06 \times 10^3 \times (90 + 458) - 1.32 \times 10^3 \times 96}{600}$$
$$= 2.65 \times 10^3 \text{ N} \tag{3-191}$$

これらの値より，C_2 点，D_2 点の位置に作用する曲げモーメントの，鉛直方向成分 M_{2CV}[N·mm]，M_{2DV}[N·mm] は，それぞれ次のとおりとなる。

$$M_{2CV} = R_{2AV}\,a_2 = 5.59 \times 10^3 \times 96 = 5.30 \times 10^5 \text{ N·mm} \tag{3-192}$$

$$M_{2DV} = R_{2AV}\,c_2 = 7.60 \times 10^2 \times 52 = 3.95 \times 10^4 \text{ N·mm} \tag{3-193}$$

また，水平方向成分 M_{2CH}[N·mm]，M_{2DH}[N·mm] は，それぞれ次のとおりとなる。

$$M_{2CH} = R_{2AH}\,a_2 = -6.69 \times 10^2 \times 96 = -6.69 \times 10^4 \text{ N·mm} \tag{3-194}$$

$$M_{2DH} = R_{2BH}\,c_2 = 2.65 \times 10^3 \times 52 = 1.38 \times 10^5 \text{ N·mm} \tag{3-195}$$

鉛直方向と水平方向のそれぞれの成分から曲げモーメントを合成すると，C_2 点，D_2 点の位置に作用する曲げモーメント M_{2C}[N·mm]，M_{2D}[N·mm] は，それぞれ次のようになる。

$$M_{2C} = \sqrt{M_{2CV}^{\,2} + M_{2CH}^{\,2}} = \sqrt{(5.30 \times 10^5)^2 + (-6.69 \times 10^4)^2}$$
$$= 5.34 \times 10^5 \text{ N·mm} \tag{3-196}$$
$$M_{2D} = \sqrt{M_{2DV}^{\,2} + M_{2DH}^{\,2}} = \sqrt{(3.95 \times 10^4)^2 + (1.38 \times 10^5)^2}$$
$$= 1.44 \times 10^5 \text{ N·mm} \tag{3-197}$$

以上のことから，最大モーメント $M_{2\mathrm{max}}$[N·mm] は M_{2C}[N·mm] であり，$M_{2\mathrm{max}} = M_{2C} = 5.34 \times 10^5$ N·mm となる。これより中間軸の軸径 d_2[mm] は，次のとおりとなる。

$$d_2 \geqq \sqrt[3]{\frac{16}{\pi \times 55.2}\sqrt{(5.34 \times 10^5)^2 + (2.72 \times 10^5)^2}} = 38.1 \text{ mm} \tag{3-198}$$

付表7-1 より中間軸の軸径 d_2[mm] は $d_2 = 40$ mm（設計値）とする。

| 軸受 |
中間軸の軸受も，ハンドル軸同様，玉軸受を使用する。中間軸は軸径 $d_2 = 40$ mm であるため，検討した結果より，UCFL208 形ユニットを採用する。

| 中間軸大歯車 G_2 の連結部のキー |
中間軸と中間軸大歯車 G_2 との連結に用いるキーについて検討する際，巻上げ時に中間軸に作用するトルク T_2[N·mm] を使用する。

3-6 軸　**91**

材質は S55C とし，検討の結果より，キーの寸法は $b_{k2} = 10\,\text{mm}$，$h_{k2} = 8\,\text{mm}$，（設計値）とする。また，キー長さ $l_{k2}\,[\text{mm}]$ は $l_{k2} = 24\,\text{mm}$ であるが，中間軸大歯車 G_2 のハブ長さ $l_{\text{G}2}$ を考慮する必要がある。中間軸大歯車 G_2 は基準円直径 $d_{\text{G}2} = 270\,\text{mm}$ であるので，ハブ長さ $l_{\text{G}2}\,[\text{mm}]$ を求める場合，次の式がよく使われている。

$$l_{\text{G}2} = b_{\text{G}2} + 2m_{12} + 0.04d_2\ [\text{mm}] \tag{3-199}$$

中間軸大歯車 G_2 の歯の幅 $b_{\text{G}2} = 48\,\text{mm}$，モジュール $m_{12} = 6$，$d_2 = 40\,\text{mm}$ であるので，必要なハブ長さは次のとおりとなる。

$$l_{\text{G}2} = 48 + 2 \times 6 + 0.04 \times 40 = 61.6\ [\text{mm}] \tag{3-200}$$

これにより，中間軸大歯車 G_2 のハブ長さ $l_{\text{G}2} = 62\,\text{mm}$ となるが，キー長さの基準値を考慮して，$l_{\text{G}2} = 70\,\text{mm}$（設計値）とする。したがって，キー長さ $l_{k2} = 70\,\text{mm}$（設計値）とする。

中間軸小歯車 G_3 の連結部のキー　中間軸と中間軸小歯車 G_3 との連結に用いるキーについて検討する際，制動時に中間軸に作用するトルク $T_{2b}\,[\text{N·mm}]$ を使用する。

材質は S55C とし，検討の結果より，キーの寸法は $b_{k2}' = 10\,\text{mm}$，$h_{k2}' = 8\,\text{mm}$，（設計値）とする。また，キー長さ $l_{k2}'\,[\text{mm}]$ は $l_{k2}' = 24\,\text{mm}$ であるが，中間軸小歯車 G_3 のハブ長さ $l_{\text{G}3}$ を考慮する必要がある。中間軸小歯車 G_3 は基準円直径 $d_{\text{G}3} = 112\,\text{mm}$ であるので，ハンドル軸歯車 G_1 の場合と同様にハブ長さ $l_{\text{G}3} = 90\,\text{mm}$（設計値）とする。したがって，キー長さ $l_{k2}' = 90\,\text{mm}$（設計値）とする。

カラー　中間軸小歯車 G_3 とフレームのすきま，つめ車とフレームのすきまを図 3-23 において，それぞれ，15 mm（設計値），8 mm（設計値）と決定しているため，中間軸小歯車 G_3 とフレームの間のカラーは外径 70 mm，幅 15 mm とし，つめ車とフレームの間のカラーは外径 90 mm，幅 8 mm（設計値）とし，それぞれ材質は SS400 とする。

3-6-4　巻胴軸

軸径　巻胴軸は，他の二軸と異なり，巻胴と巻胴歯車 G_4 と連結させない。このため巻胴軸は回転しない固定軸となる。したがって，軸にねじりは働かない。このためここでは，**2 章** の場合と同様に曲げについてのみ検討し，軸径を求めることとする。

曲げ荷重のみを受ける軸の軸径は，7-3-1項 より最大曲げモーメントを $M_{\text{max}}\,[\text{N·mm}]$ とすると，次式で求められる。

■ 巻胴軸の軸径

$$d_3 = \sqrt[3]{\frac{32M_{\text{max}}}{\pi \cdot \sigma_a}}\ [\text{mm}] \tag{3-201}$$

ここで，σ_a [MPa] は曲げ荷重のみが作用する場合の**許容曲げ応力**を用いる[92]。

巻胴軸にかかる力について検討する。巻胴軸に取り付けられるのは，巻胴と巻胴歯車 G_4 である。したがって，巻胴軸に働く力は，歯車対による力とワイヤーロープによる力である。巻胴軸に作用する力を図3-27に示す。ワイヤーロープによる引張力は，ロープの位置によって巻胴軸に作用する曲げモーメントが異なるが，D_3 点に近い方がワイヤーロープの引張力と歯車対のかみあい力が重なるため，D_3 点の曲げモーメントが大きくなる。また，中間軸の場合と同様に，一般的には制動時には巻胴に働く力は静止時の150%のトルクが作用するとされている。したがって，ワイヤーロープが D_3 点にあり，制動時に働く力について検討を行う。

図3-27より，制動時，巻胴軸には中間軸小歯車 G_3 と巻胴歯車 G_4 のかみあい力 W_{3D} [N] と D_3 点の位置にあるワイヤーロープの引張力 W_{3DW} [N] が働く。ブレーキ作動時に巻胴に作用するトルク T_{3b} [N·mm] は，降下時に巻胴に作用するトルク T_3' [N·mm][51] より求められる。

$$T_{3b} = 1.50 \times T_3' = 1.50 \times 0.94 \times 10 \times 10^3 \times \frac{180}{2}$$
$$= 1.27 \times 10^6 \text{ N·mm} \tag{3-202}$$

これより，巻胴歯車 G_4 に作用する力 W_{3D} [N] は，次のようになる。

$$W_{3D} = \frac{1}{\cos\alpha}\left(\frac{T_{3b}}{\frac{d_{G4}}{2}}\right) = \frac{1}{\cos 20°}\left(\frac{1.27 \times 10^6}{\frac{496}{2}}\right) = 5.45 \times 10^3 \text{ N} \tag{3-203}$$

ここで，d_{G4} [mm] は巻胴歯車 G_4 の基準円直径であり，$d_{G4} = 496$ mm である。したがって，巻胴と巻胴歯車 G_4 の自重を考慮

【92】キーについて
巻胴軸にキーはないので，キー溝に関する影響は考えなくてよい。

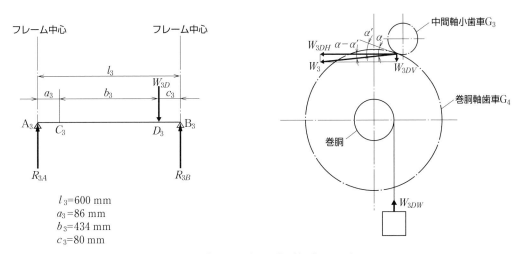

図3-27 ブレーキ動作時に巻胴軸に作用する力

すると，$W_{3D}[\mathrm{N}]$ の鉛直方向成分 $W_{3DV}[\mathrm{N}]$ は次の値となる。

$$W_{3DV} = W_{3D}\sin(\alpha - \alpha') + (m_d + m_{G4})\,g$$
$$= 5.45 \times 10^3 \times \sin(20° - 16.93°) + (83.9 + 38.4) \times 9.81$$
$$= 1.49 \times 10^3\,\mathrm{N} \tag{3-204}$$

ここで，$\alpha'[°]$ は図 3-16 で示した中間軸中心と巻胴軸中心を結んだ線の傾き角であり，設計例では $\alpha' = 16.93°$ である。また巻胴の質量 $m_d[\mathrm{kg}]$，巻胴歯車 G_4 の質量 $m_{G4}[\mathrm{kg}]$ は，$m_d = 83.9\,\mathrm{kg}$，$m_{G4} = 38.4\,\mathrm{kg}$ である[93]。

また，$W_{3D}[\mathrm{N}]$ の水平方向成分 $W_{3DH}[\mathrm{N}]$ は次のようになる。

$$W_{3DH} = W_{3D}\cos(\alpha - \alpha') = 5.45 \times 10^3 \times \cos(20° - 16.93°)$$
$$= 5.44 \times 10^3\,\mathrm{N} \tag{3-205}$$

次に，ワイヤーロープによる引張力を検討する。ワイヤーロープの引張力 $W_{3DW}[\mathrm{N}]$ は，点 D_3 の位置の垂直方向に作用するものとし，巻胴直径 $D_{pitch} = 180\,\mathrm{mm}$ であるため，次の値となる。

$$W_{3DW} = \frac{2T_{3b}}{D_{pitch}} = \frac{2 \times 1.27 \times 10^6}{180} = 1.41 \times 10^4\,\mathrm{N} \tag{3-206}$$

荷重は点 D_3 で作用するため，合力を $W_3[\mathrm{N}]$ とすると，次の値になる。

$$W_3 = \sqrt{(W_{3DV} + W_{3DW})^2 + W_{3DH}{}^2}$$
$$= \sqrt{(1.49 \times 10^3 + 1.41 \times 10^4)^2 + (5.44 \times 10^3)^2}$$
$$= 1.65 \times 10^4\,\mathrm{N} \tag{3-207}$$

上の値を用いて，支点反力 $R_{3A}[\mathrm{N}]$ を求める。軸方向の構成を示した図 3-23 より $l_3 = 600\,\mathrm{mm}$，$a_3 = 86\,\mathrm{mm}$，$b_3 = 434\,\mathrm{mm}$，$c_3 = 80\,\mathrm{mm}$ であり，これらの値を代入すると $R_{3A}[\mathrm{N}]$ は次のようになる。

$$R_{3A} = \frac{W_3 c_3}{l_3} = \frac{1.65 \times 10^4 \times 80}{600} = 2.20 \times 10^3\,\mathrm{N} \tag{3-208}$$

したがって，最大曲げモーメント $M_{3\max}$ は点 D_3 の箇所で発生し，次の値となる。

$$M_{\max} = R_{3A}(a_3 + b_3) = 2.20 \times 10^3 \times (86 + 434)$$
$$= 1.14 \times 10^6\,\mathrm{N \cdot mm} \tag{3-209}$$

巻胴軸の材質を S50C として，許容曲げ応力 $\sigma_a[\mathrm{MPa}]$ は 付表4-1 より $\sigma_a = 98\,\mathrm{MPa}$ であるため，巻胴軸の軸径 $d_3[\mathrm{mm}]$ は，式 3-201 より次のようになる。

$$d_3 \geqq \sqrt[3]{\frac{32M_{\max}}{\pi\sigma_b}} = \sqrt[3]{\frac{32 \times 1.14 \times 10^6}{\pi \times 98}} = 49.2\,\mathrm{mm} \tag{3-210}$$

付表7-1 より巻胴軸の軸径 $d_3 = 50\,\mathrm{mm}$（設計値）とする。

軸受

巻胴軸には，巻胴など重量が大きい部品が設置されることや，整備性を考慮して，すべり軸受を用いることとする。巻胴側の軸受は，巻胴にフランジを設置していることか

---

[93] 巻胴の自重 m_d の概算値，巻胴軸大歯車 G_4 の自重 m_{G4} の概算値

巻胴の質量 m_d は
胴部質量 m_{d1}：

$$m_{d1} = \frac{\pi(D_{pitch})^2 B \times 7.8}{4 \times 10^6}\,[\mathrm{kg}]$$

ここで，D_{pitch}：巻胴径 [mm]，B：巻胴幅 [mm]
エンドプレート質量（右）m_{d_2}：

$$m_{d2} = \frac{\pi(D_f)^2 t_f \times 7.8}{4 \times 10^6}\,[\mathrm{kg}]$$

ここで，D_f：エンドプレート直径 [mm]，t_f：エンドプレート厚さ [mm]
エンドプレート質量（左）m_{d_3}：

$$m_{d2} = \frac{\pi(D_f)^2 t_f \times 7.8}{4 \times 10^6}\,[\mathrm{kg}]$$

$\therefore m_d = m_{d1} + m_{d2} + m_{d3}[\mathrm{kg}]$

巻胴軸大歯車の質量 m_{G4} はリム部質量 $m_{G4\text{-}1}$：

$$m_{G4\text{-}1} = \frac{\pi\left(D_{G41}{}^2 - D_{G42}{}^2\right)t_{G41} \times 7.8}{4 \times 10^6}\,[\mathrm{kg}]$$

ここで，D_{G41}：歯車の基準円直径 [mm]，D_{G42}：歯車の根本円直径 [mm]，t_{G41}：歯車の歯の厚さ [mm]
リブ部質量 $m_{G4\text{-}2}$：

$$m_{G4\text{-}2} = \frac{\pi\left(D_{G42}{}^2 - D_{G43}{}^2\right)t_{G42} \times 7.8}{4 \times 10^6}\,[\mathrm{kg}]$$

ここで，D_{G43}：ウェブの根本円直径 [mm]，t_{G42}：ウェブ厚さの平均値 [mm]

$\therefore m_{G4} = m_{G4\text{-}1} + m_{G4\text{-}2}$

ら，軸受メタルを巻胴に取り付ける形式とする。巻胴歯車 G_4 側の軸受も，同様に軸受メタルを巻胴歯車 G_4 に取り付ける形式とする。

　軸受メタルと巻胴，巻胴歯車 G_4 との間のはめあいは，しまりばめとする。形状については，整備時の利便性を考慮してつば付きブシュとする。つば付きブシュの寸法については，JIS B 1582：2017 を参考に，軸径より決定する。

　材質を青銅 CAC403 とし，巻胴軸の軸径 $d_3 = 50$ mm であり，取外し時に抜きやすくするため，表3-11 より内径の基準寸法 $d = 50$ mm のつば系列2のものとする。したがって，巻胴軸軸受メタルの外径 $D_{3m} = 60$ mm，つばの外径 $Df_{3m} = 68$ mm，つばの厚さ $Tf_{3m} = 5$ mm（設計値）とする。

巻胴ハブ部

巻胴ハブの軸受径 D_{d1} [mm] と巻胴ハブ径 D_{d2} [mm] を次のとおり決定する。

　軸受径 D_{d1} は軸受メタルの外径より $D_{d1} = 60$ mm とする。

　巻胴ハブ径は一般的に $D_{d2} = (1.5 \sim 2.0) D_{d1} + 5$ [mm] とされているため[94]，これを用いて以下の値となる。

$$D_{d2} = (1.5 \sim 2.0) \times 60 + 5 = 95 \sim 125 \text{ mm} \quad (3\text{-}211)$$

[94] ハブ径
　歯車のハブ径と同様に考える。歯車のハブ径は 3-4-3 を参照。

表3-11　つば付き銅合金鋳物ブシュの形状寸法及びその許容差

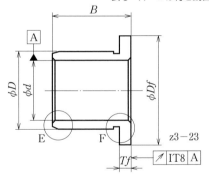
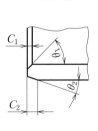

内径 d		つば系列1					つば系列2					面取り			つば裏のぬすみ U
		外径 D		つばの外径 Df		つばの厚さ Tf	外径 D		つばの外径 Df		つばの厚さ Tf	内径 C_1		外径 C_2	
基準寸法	許容差(E6)	基準寸法	許容差	基準寸法	許容差		基準寸法	許容差	基準寸法	許容差		$\theta_1 = 45° \pm 5°$ 最大	$\theta_2 = 45° \pm 5°$ 最大		
40	+0.066 +0.050	44	+0.059 +0.043	48	-0.080 -0.240	2	50	+0.059 +0.043	58	-0.100 -0.290	5	0.8		3	2
42		46		50			52	+0.072 +0.053	60						
45		50		55	-0.100 -0.290	2.5	55		63						
48		53	+0.072 +0.053	58			58		66						
50		55		60			60		68						
55	+0.079 +0.060	60		65			65		73						
60		65		70			75	+0.078 +0.059	83	-0.120 -0.340	7.5	1		4	
65		70	+0.078 +0.059	75			80		88						
70		75		80			85	+0.098 +0.071	95						

JIS B 1582：2017 より

これより，$D_{d2} = 100\,\mathrm{mm}$（設計値）とする。

巻胴と巻胴歯車 G_4 との連結

巻胴歯車 G_4 と巻胴の結合は **3-3** で決定されたようにボルトとナットによって行う。巻胴歯車 G_4 の取付け基準円直径 $D_{bolt}\,[\mathrm{mm}]$，ボルト本数 $n\,[本]$，ボルトの最小径 $d_{1bolt}\,[\mathrm{mm}]$ を決定する。これらの値は **3-3-4** で求められているが，ブレーキ作動時のトルクを考慮して再検討する。

3-6-4 より $T_{3b} = 1.27 \times 10^6\,\mathrm{N\cdot mm}$，取付け基準円直径 $D_{bolt} = 210\,\mathrm{mm}$，ボルトの本数は **3-3-4** より $n = 6$ 本とし，ボルトの材質を SS400 とすると，許容せん断応力 $\tau_a\,[\mathrm{MPa}]$ は軟鋼，せん断荷重が働く場合の片振り繰返し荷重を想定して，$\tau_a = 48 \sim 80\,\mathrm{MPa}$ となるため，その最大値をとって，$\tau_a = 80\,\mathrm{MPa}$ とする。ボルトの最小径 d_{1bolt} は，次のとおりとなる[95]。

$$d_{1bolt} \geqq \sqrt{\frac{8 \times 1.27 \times 10^6}{\pi \times 6 \times 80 \times 210}} = 5.7\,\mathrm{mm} \tag{3-212}$$

これより，**3-3-4** で決定していた M10 のボルトを選定して問題ない。ボルト穴径 $d_k\,[\mathrm{mm}]$ は，付表6-6（JIS B 1001：1985）より，$d_k = 10.5\,\mathrm{mm}$ とする。

カラー

巻胴歯車 G_4 とフレーム，巻胴とフレームの間には位置調整のためにカラーを入れる。

図 3-23 より巻胴歯車 G_4 とフレームの間は $15\,\mathrm{mm}$ のすきまを設けているが，軸受メタルのフランジ厚さ $T_{f3m} = 5\,\mathrm{mm}$ であるため，$10\,\mathrm{mm}$（設計値）のカラーを入れる。巻胴とフレームの間には $21\,\mathrm{mm}$ のすきまがあるが，軸受メタルのフランジ厚さ $T_{fhm} = 5\,\mathrm{mm}$ を考慮して，$16\,\mathrm{mm}$（設計値）のカラーを入れる。カラーは内径 $50\,\mathrm{mm}$，外径 $70\,\mathrm{mm}$（設計値）とする。

止め板

巻胴軸は回転しない機構としているため，表 3-12 に示す止め板で軸を固定する。フレームの穴位置については，巻胴軸中心からの鉛直方向距離 $V_3\,[\mathrm{mm}]$ を幾何学的関係から次の式で導く。

$$V_3 = \frac{d_3}{2} + \frac{A}{2} - H + 1 \ [\mathrm{mm}] \tag{3-213}$$

巻胴軸の軸径 $d_3 = 50\,\mathrm{mm}$ であるため，表 3-12 より，$A_3 = 38\,\mathrm{mm}$，$H_3 = 8\,\mathrm{mm}$（設計値）とする。したがってフレームの穴位置は，式 3-213 から，次のようになる。

$$V_3 = \frac{50}{2} + \frac{38}{2} - 8 + 1 = 37\,\mathrm{mm} \tag{3-214}$$

したがって，$V_3 = 37\,\mathrm{mm}$（設計値）とする。

【95】ボルトの最小径

巻胴に作用するトルク $\leqq$ 全ボルトの許容せん断力 × 取付け半径が成り立てばよいので，この関係を式で表すと次のようになる。

$$T_{3b} \leqq n\,\frac{\pi d_1^2}{4}\,\tau_a\,\frac{D_{bolt}}{2}\ [\mathrm{N}]$$

ここで，T_{3b} はブレーキ時に巻胴に作用するトルクである。上式よりボルトの最小径 d_1 $[\mathrm{mm}]$ は次の式から求めることができる。

$$d_1 \geqq \sqrt{\frac{8\,T_{3b}}{\pi n \tau_a D_{bolt}}}\ [\mathrm{mm}]$$

表 3-12 止め板の参考寸法

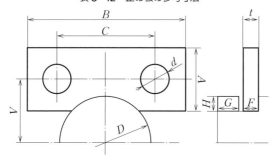

[mm]

D (35〜45 は 35 以上 45 未満とよむ)	A	B	C	d	F	G	H	t	ボルト 径	ボルト 長さ
30〜45	28	68	40	10.5	8	12	6	6.8	10	18
45〜55	38	88	50	13	8	12	8	6.8	12	22
55〜65	38	98	60	17	10	12	10	8.8	16	25
65〜75	38	115	80	17	12	15	12	11.2	16	28

標準機械設計図表便覧,共立出版(2005),p.13-20 より引用

3-7 フレーム，フレームつなぎボルト

3-7-1 フレームの寸法

フレームの寸法については，歯車，ブレーキ装置等の配置を考慮して外形寸法を決める。巻胴軸はフレームに直接支えられるため，式4-1 [14] より，軸穴に働く圧縮応力が許容圧縮応力より小さいことを確認する。

ここでは，荷重として支点反力を考え，断面積として巻胴軸の穴の投影面積を考えると，支点反力 R_{3B}[N] は次のようになる。

$$R_{3B} = \frac{W_3 (a_3 + b_3)}{l_3} \ [\text{N}] \tag{3-215}$$

図 3-23 より $l_3 = 600$ mm，$a_3 = 86$ mm，$b_3 = 434$ mm，$W_3 = 1.65 \times 10^4$ N であるから，式 3-215 より，

$$R_{3B} = \frac{1.65 \times 10^4 \times (86 + 434)}{600} = 1.43 \times 10^4 \text{ N} \tag{3-216}$$

軸穴の投影面積は，フレームの厚さ $t_f = 10$ mm，巻胴軸の直径 $d_3 = 50$ mm であるため，

$$投影面積 A_f = 巻胴軸の直径 d_3 \times フレームの厚さ t_f$$
$$= (50 \times 10^{-3}) \times (10 \times 10^{-3}) = 5.00 \times 10^{-4} \text{ m}^2 \tag{3-217}$$

となり，フレーム材にかかる圧縮応力は次のように求められる。

$$圧縮応力 = \frac{1.43 \times 10^4}{5 \times 10^{-4}} = 28.6 \text{ MPa} \tag{3-218}$$

したがって，使用するフレーム材を SS400 とすると，SS400 の機械的性質 付表2-1 と 表4-7 の静荷重時の安全率を考慮すると，求めた圧縮応力を満たしているため，フレーム厚さ $t_f = 10$ mm（設計値）とする。

3-7-2 フレーム台

フレームとフレーム台は溶接構造とし，ここでは一辺 65 mm，肉厚 6 mm の等辺山形鋼（設計値，JIS G 3192：2014）とする。

3-7-3 フレームつなぎボルト

つなぎボルトの軸に作用する荷重は小さいため，強度計算はしないが，余裕をみて太いものを選び，呼び径 20 mm（設計値）とする。

フレームの厚さ $t_f = 10$ mm が決まったことにより，各軸長さが変更されるため，再度ハンドル軸と中間軸の軸径を確認する。ハンドル軸は，$l_1 = 600$ mm，$a_1 = 448$ mm，$b_1 = 152$ mm として 式 3-164 〜 3-

98 第 3 章 手巻きウインチ

168 を再計算すると，ハンドル軸径 $d_1 = 28.1\,\mathrm{mm}$ となり，設計値 $d_1 = 30\,\mathrm{mm}$ 以下であり問題ない。

また，中間軸も同様に $l_2 = 600\,\mathrm{mm}$，$a_2 = 90\,\mathrm{mm}$，$b_2 = 458\,\mathrm{mm}$，$c_2 = 52\,\mathrm{mm}$ として再計算すると，$d_2 = 39.4\,\mathrm{mm}$ となり，設計値 $d_2 = 40\,\mathrm{mm}$ 以下であり問題ない。

3-8 製図例

以上の結果より，設計値に基づいて作成した組立図を付図 3-1，部品図を付図 3-2 から付図 3-20 に示す。

第 **4** 章 渦巻ポンプ

この章のポイント ▶

渦巻ポンプを設計するために必要となる流体の基礎知識や羽根車の設計法を学び，機械設計法に基づいた主要な機械要素の設計や選定について学習する。

①渦巻ポンプの基礎

②ポンプの基礎理論

③羽根車の設計

④ボリュート・ケーシングの設計

⑤主軸の設計

⑥軸受の選定

4-1 渦巻ポンプの基礎

　　ポンプは液体にエネルギーを与えることで圧力を高め，所定の位置に液体を送る流体機械である。ポンプは液体にエネルギーを与える方法によって分類され，様々な種類のものがあるが，ここでは羽根車（インペラ）が液体中で高速回転し，羽根車を通過する液体に遠心力を作用させることで圧力を高める渦巻ポンプを設計の対象として取り上げる。渦巻ポンプには吸込口数によって片吸込形，両吸込形，羽根車の枚数によって単段形，多段形などの種類があるが，片吸込形単段の渦巻ポンプが一般に広く用いられている。

　　JIS B 8313：2003 に 0 ～ 40℃の清水を取り扱う片吸込形単段で最高使用圧力 1 MPa までに使用する吸込口径 40 ～ 200 mm の一般用小形渦巻ポンプが規定されている。渦巻ポンプの構造の一例（J 型）を図 4-1 に，羽根車の断面写真を図 4-2 に示す。渦巻ポンプはたわみ軸継手を用いて 2 極または 4 極三相誘導電動機が直結され，電動機のエネルギーを受けて主軸に取り付けられた羽根車が回転し，液体にエネルギーが与えられる。ポンプ内を流れる液体の速度 v [m/s]，圧力 p [Pa]，高さ h [m] とし，添え字 s および d は図 4-1 に示す渦巻ポンプの吸込口および吐出口における状態を表すものとし，ポンプが単位重量あたりの液体に与えるエネルギー H [J/N] は吐出口と吸込口において単位重量あたりの液体がもつ全エネルギーの差であるから，次のように表される。

■ ポンプが液体に与えるエネルギー

$$H = \frac{1}{\rho g}(p_d - p_s) + \frac{1}{2g}(v_d{}^2 - v_s{}^2) + (h_d - h_s) \ [\text{J/N}] \quad (4\text{-}1)$$

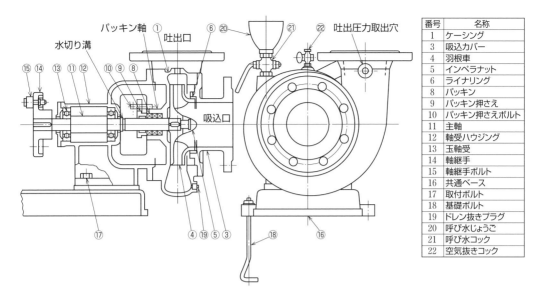

図4-1 渦巻ポンプの一例（JIS B 8313 : 2003 から引用）

図4-2 羽根車（インペラ）の断面写真

ここで，$\rho\,[\text{kg/m}^3]$ は液体の密度，$g\,[\text{m/s}^2]$ は重力加速度を表す。H の単位である [J/N] は [m] の次元に等しく，$H\,[\text{m}]$ を**全揚程**という[1]。渦巻ポンプでは，全揚程 $H\,[\text{m}]$ がポンプを通過する液体の流量 $Q\,[\text{m}^3/\text{s}]$ によって変化し，一般に流量の増加に伴い全揚程が低下する。全揚程 $H\,[\text{m}]$ と流量 $Q\,[\text{m}^3/\text{s}]$ の関係を示す曲線を揚程曲線（図4-3参照）という。

全揚程は，管路内で液体のエネルギー損失がないと仮定すると，その高さにまで揚液できることを意味している。実際には，液体が管路内を流れるときの管摩擦，流れの向きや流路面積の変化に伴うエネルギー損失が発生するため，それらの全損失ヘッドを $\Delta H\,[\text{m}]$ とすると，全揚程 $H\,[\text{m}]$ のポンプによって実際に揚液できる高さ $H_a\,[\text{m}]$ は次式で与えられる。

$$H_a = H - \Delta H \quad [\text{m}] \qquad (4\text{-}2)$$

$H_a\,[\text{m}]$ は**実揚程**と呼ばれる。全損失ヘッドは一般に管路を流れる流量 $Q\,[\text{m}^3/\text{s}]$ の2乗に比例するため，$H_a\,[\text{m}]$ の高さに揚液するために必要な全揚程 $H\,[\text{m}]$ は次式で与えられる。

■ 全揚程

$$H = H_a + cQ^2 \quad [\text{m}] \qquad (4\text{-}3)$$

【1】全揚程

全揚程は液体に与えるエネルギーを液体の高さとして表現したもので，揚程あるいはヘッドともいう。

番号	名称
1	ケーシング
3	吸込カバー
4	羽根車
5	インペラナット
6	ライナリング
8	パッキン
9	パッキン押さえ
10	パッキン押さえボルト
11	主軸
12	軸受ハウジング
13	玉軸受
14	軸継手
15	軸継手ボルト
16	共通ベース
17	取付ボルト
18	基礎ボルト
19	ドレン抜きプラグ
20	呼び水じょうご
21	呼び水コック
22	空気抜きコック

【2】係数 c

(1) 管の摩擦による損失ヘッド

$$h = \lambda \frac{l}{d} \frac{v^2}{2g}$$

λ：管摩擦係数,
l：距離, d：管内径,
v：速度, g：重力加速度

(2) 管の形状変化などに伴う損失ヘッド

$$h = \zeta \frac{v^2}{2g}$$

例えば90°曲がりのエルボでは

$\zeta = 1.0$

となる。
(1), (2)を合計し, $Q = Av$ から係数 c を得る。

A：断面積

【3】揚程曲線と抵抗曲線

例えば、羽根車の回転数を変化させることで揚程曲線を変化させたり、管路中の弁の開度によって抵抗曲線を変化させたりすることで運転点を調整することが可能である。

【4】効率

・水力効率

$$\eta_h = \frac{H}{H_{th}}$$

H[m]：ポンプの全揚程,
H_{th}[m]：羽根車が液体に与える理論揚程

・体積効率

$$\eta_v = \frac{Q}{Q+q}$$

Q[m³/s]：ポンプの吐出し量,
q[m³/s]：漏れ量の合計

・機械効率

$$\eta_m = \frac{P_s - P_l}{P_s}$$

P_s[W]：軸動力,
P_l[W]：機械的な動力損失の合計

式4-3の右辺で与えられる曲線は抵抗曲線と呼ばれる。係数 c は管路によって決まる値である[2]。その計算方法についての詳細は他書を参考にされたい。

図4-3にポンプの揚程曲線と抵抗曲線を示す。これらの曲線が交わる点が実際にポンプを運転させたときの全揚程と流量（運転点）になる[3]。

損失は管路内だけでなく、ポンプ内部においても発生する。代表的な損失として、水力損失、漏れ損失、機械損失が挙げられる。水力損失は、管路内を流れる液体に損失が発生するのと同様に、ポンプ内を液体が流れる

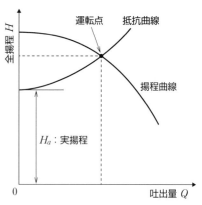

図4-3　ポンプの揚程曲線および抵抗曲線

ことによって生じる損失である。漏れ損失は回転部と静止部のすきまなどを通って液体が高圧部から低圧部に漏れることによる損失である。機械損失は軸受等で生じる摩擦損失や羽根車が液体中で回転するときに生じる円板摩擦などが含まれる。これらの損失が生じるため、電動機が羽根車に与えるエネルギーよりも、液体が羽根車から受け取るエネルギーの方が小さくなる。液体が受け取る動力 P_w[W]、電動機からポンプ主軸に与えられる動力 P_s[W] とすると、

$$P_w = \eta P_s \text{ [W]} \tag{4-4}$$

で与えられ、η を**ポンプ効率**という。液体の受け取る動力 P_w[W] は**水動力**と呼ばれ、次式で与えられる。

■ 水動力

$$P_w = \rho g Q H \text{ [W]} \tag{4-5}$$

また、水力損失、漏れ損失、機械損失によってそれぞれ水力効率 η_h、体積効率 η_v、機械効率 η_m が定義されており[4]、ポンプ効率 η は次式で与えられる。

■ ポンプ効率

$$\eta = \eta_h \eta_v \eta_m \tag{4-6}$$

ポンプ効率も流量に依存し、一般に設計流量においてポンプ効率が最大となるように渦巻ポンプを設計する。

4-2 ポンプの基礎理論

4-2-1 理論揚程

羽根車の形状および各寸法が定まると，羽根車が液体に与える理論揚程を近似的に計算することができる。この計算は，設計した羽根車が要求を満たしているかを判断するのに役立つ。図4-4に羽根車内の液体の流れを示す。羽根車の周速度 u[m/s]，液体の絶対速度 v[m/s]，羽根車に対する相対速度 w[m/s] とし，ここでは添え字1，2はそれぞれ羽根流路入口，出口の状態を表す。羽根流路入口，出口において，これらの3つの速度ベクトルは図から分かるように三角形を形成している。これを**速度三角形**という。

羽根車を通過する液体の流量 Q'[m³/s] とし，液体の流入角度 α_1[°] および流出角度 α_2[°] は円周上の位置や時間に関係なく一定と仮定する。時間 dt[s] に羽根車から流出した液体と羽根車に流入した液体の角運動量の差 dL[N·m·s] は，

$$dL = \rho Q'(r_2 v_2 \cos\alpha_2 - r_1 v_1 \cos\alpha_1) dt \ [\text{N·m·s}] \quad (4-7)$$

であるから，液体に作用したトルク T[N·m] は次式で与えられる。

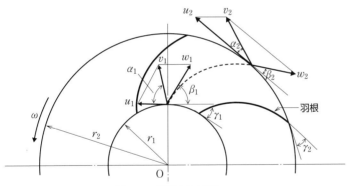

図4-4 羽根車内の流れ

$$T = \frac{dL}{dt} = \rho Q'(r_2 v_2 \cos\alpha_2 - r_1 v_1 \cos\alpha_1) \ [\text{N·m}] \quad (4-8)$$

羽根車が液体になした動力 P[W] は，

$$P = T\omega = \rho Q'(u_2 v_2 \cos\alpha_2 - u_1 v_1 \cos\alpha_1) \ [\text{W}] \quad (4-9)$$

となり，単位重量あたりの液体に与えるエネルギー H_{th}[m] は，

$$H_{th} = \frac{T\omega}{\rho g Q'} = \frac{1}{g}(u_2 v_2 \cos\alpha_2 - u_1 v_1 \cos\alpha_1) \ [\text{m}] \quad (4-10)$$

となる。これを**理論揚程**と呼ぶ。一般に渦巻ポンプの場合，液体が予旋回をもたずに羽根車に流入するとみなせるため，式4-10に $\alpha_1 = 90°$ を代入すると，次のようになる。

$$H_{th} = \frac{1}{g} u_2 v_2 \cos\alpha_2 = \frac{1}{g} u_2 (u_2 - v_{m2} \cot\beta_2) \quad [\text{m}] \quad (4\text{-}11)$$

しかしながら，実際の流出角 $\beta_2[°]$ と羽根出口角 $\gamma_2[°]$ は一致せず，実際の流れでは $\beta_2 < \gamma_2[°]$ となる。つまり，羽根出口角 $\gamma_2[°]$ からは理論揚程を求めることができない。

そこで，式4-11の流出角 $\beta_2[°]$ を羽根出口角と同じ $\gamma_2[°]$ に置き換え，経験的な補正によって理論揚程を求める[5]。図4-5に示すように，液体が角度 $\gamma_2[°]$ で流出したときの絶対速度および相対速度を v_2' [m/s] および w_2' [m/s] とする。液体が角度 $\gamma_2[°]$ で流出したとき，速度 u_2 [m/s] および v_{m2} [m/s] は変化せず，絶対速度および相対速度が変化し，周速方向にすべり速度 $k u_2$ [m/s] が発生する。したがって，式4-11より理論揚程 H_{th} [m] は次式で求められる。

■ 理論揚程

$$H_{th} = \frac{1}{g} u_2 \{ (1-k) u_2 - v_{m2} \cot\gamma_2 \} \quad [\text{m}] \quad (4\text{-}12)$$

ここで k は経験的に求まるすべり率である。k の求め方についていくつかの方法が提案されているが，例えばWiesnerの方法[6]では，羽根車の羽根枚数 z とし，

$$\varepsilon = \left(e^{8.16 \frac{\sin\gamma_2}{z}} \right)^{-1} \quad (4\text{-}13)$$

の値をもとに，以下の経験式で k を算出する。

$$\left. \begin{array}{l} \dfrac{r_1}{r_2} < \varepsilon \text{ のとき，} k = \dfrac{\sqrt{\sin\gamma_2}}{z^{0.7}} \\[2mm] \dfrac{r_1}{r_2} > \varepsilon \text{ のとき，} k = 1 - \left(1 - \dfrac{\sqrt{\sin\gamma_2}}{z^{0.7}} \right) \left(1 - \left\{ \dfrac{r_1/r_2 - \varepsilon}{1 - \varepsilon} \right\}^3 \right) \end{array} \right\} \quad (4\text{-}14)$$

式4-12～4-14を用いて，羽根車の形状や寸法から理論揚程を算出できる。

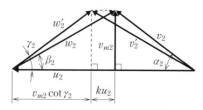

図4-5 羽根出口の速度三角形

4-2-2 軸方向スラストおよび半径方向スラスト

羽根車が回転することによって，羽根車はまわりの液体から軸方向および半径方向に力を受ける。これらの力は主軸やそれを支える軸受に作

---

[5] 柏原俊規，佐藤紳二，中村克孝，廣田和夫 共著「SI版渦巻ポンプの設計－設計製図の基礎－」，パワー社，2000．

[6] Wiesnerの方法
F. J. Wiesner "A review of slip factors for centrifugal impellers" Journal for Engineering for Power, Vol.89, No.4, pp. 558-572, 1967.

用するため，主軸の設計および軸受選定のために軸方向スラストおよび半径方向スラストを把握しておく必要がある。

軸方向スラスト　液体が充填されたケーシング内で羽根車が回転すると，まわりの液体も主軸を中心に旋回するため，羽根車まわりの液体に遠心力が作用し，圧力分布が生じる。羽根車が液体から受ける圧力分布を図4-6に示す。羽根車の形状から主板側（右側）と側板側（左側）で圧力分布が異なるため，図から明らかなように吸込口の方向に軸方向スラストが発生する。計算の簡単化のため，主軸中心からの距離r[m]が$r_h < r \leq r_2$[m]の領域では主板側と側板側の圧力分布が等しいと仮定すると，$r_h \leq r \leq r_l$[m]の領域での主板と側板に作用する圧力分布の差によって生じる軸方向スラストF_1[N]は次式で与えられる

$$F_1 = 2\pi \int_{r_h}^{r_l} (p - p_1) r dr \ [\text{N}] \quad (4\text{-}15)$$

また，羽根車の角速度をω[rad/s]，羽根車の回転に伴って旋回する液体の角速度をω_L[rad/s]とすると，液体の遠心力と圧力勾配のつりあいから，

$$\left. \begin{array}{l} \dfrac{dp}{dr} = \rho K^2 \omega^2 r \ [\text{Pa/m}] \\[2mm] K = \dfrac{\omega_L}{\omega} \end{array} \right\} \quad (4\text{-}16)$$

が成り立つ。図4-6より$r = r_2$[m]で$p = p_2$[Pa]となるから，式4-16より圧力分布は次式で与えられる。

$$p = p_2 - \frac{1}{2} \rho K^2 \omega^2 (r_2^2 - r^2) \ [\text{Pa}] \quad (4\text{-}17)$$

領域$r_h \leq r \leq r_l$[m]において，$r = r_l$[m]のときの圧力p_l[Pa]が最大であるから，計算をより簡単化するため，この領域における圧力分布はp_l[Pa]で一定と考える。式4-15および4-17より，軸方向スラストF_1[N]は次式で与えられる。

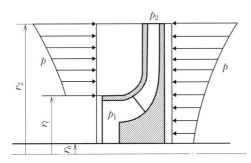

図4-6　羽根車に作用する圧力分布

$$F_1 = 2\pi(p_l - p_1)\int_{r_h}^{r_l} r\, dr = \pi(p_l - p_1)(r_l^2 - r_h^2)$$

$$= \pi(r_l^2 - r_h^2)\left\{(p_2 - p_1) - \frac{1}{2}\rho K^2 \omega^2 (r_2^2 - r_l^2)\right\} \ [\text{N}]$$
(4-18)

式 4-1 を参考に，羽根車出口と入口における圧力差 $p_2 - p_1$ [Pa] は近似的に次式で与えられるものとする。

$$p_2 - p_1 \cong \rho g H - \frac{\rho}{2} v_2^2 \ [\text{Pa}]$$
(4-19)

[7] 豊倉富太郎, 喜多智慧夫 共著,「渦巻ポンプ基礎と設計製図」実教出版, 1986.

一般に K の値は 0.5 程度であるため[7], $K = 0.5$ とすることで式 4-18 および 4-19 から軸方向スラスト F_1 [N] が求められる。

■ 軸方向スラスト（圧力分布によるスラスト）

$$F_1 = \pi(r_l^2 - r_h^2)\rho g \left\{ H - \frac{v_2^2}{2g} - \frac{1}{8g}(u_2^2 - u_l^2)\right\} \ [\text{N}] \quad (4\text{-}20)$$

ここで u_l [m/s] は軸中心からの距離 r_l [m] における周速度を表している。

一方，羽根車に流入した液体は軸方向から軸に対して垂直な方向へ方向を変えるため，軸方向の運動量変化に伴う軸方向スラスト F_2 [N] が F_1 [N] と反対方向に羽根車に作用することになる。羽根車入口の液体の速度を v_0 [m/s] とすると，F_2 [N] は次式で与えられる。

■ 軸方向スラスト（運動量変化によるスラスト）

$$F_2 = \rho Q' v_0 \ [\text{N}]$$
(4-21)

軸方向スラストの和 F_a [N] は次式で与えられる。

$$F_a = F_1 - F_2$$
(4-22)

ポンプの設計上，軸方向スラストは小さい方が望ましい。軸方向スラストを軽減させる方法はいくつかあるが，図 4-7 に示すように，羽根

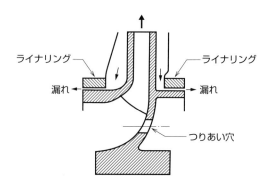

図 4-7　つりあい穴をもつ羽根車

車の主板につりあい穴を設けることで，主板両面の圧力を等しくする方法を採用する。実際にはつりあい穴を設けても圧力差が生じるが，圧力分布による軸方向スラスト $F_1[\mathrm{N}]$ を 20 ％ 程度に軽減できる。この場合，羽根車を通過した高圧の液体が逆流するのを防ぐため，主板側，側板側の 2 箇所にライナリングを設ける。

半径方向スラスト 羽根車を通過した液体はボリュート部を通って吐出口に導かれる。設計流量で運転するときに羽根車の円周方向の圧力分布がほぼ一定となり，半径方向スラストが生じないようにボリュートを設計するため，設計流量以外で運転すると円周方向の圧力分布が生じ，半径方向スラスト $F_r[\mathrm{N}]$ が生じる。設計流量を $Q_0[\mathrm{m^3/s}]$ とすると，$F_r[\mathrm{N}]$ は経験的に次式で与えられる[5]。

$$F_r = K_r\left\{1-\left(\frac{Q}{Q_0}\right)^2\right\}\rho g H D_2 B_2 \ [\mathrm{N}] \tag{4-23}$$

ここで，$H[\mathrm{m}]$ は全揚程，$D_2[\mathrm{m}]$ は羽根車外径，$B_2[\mathrm{m}]$ は主板と側板の厚さを含めた羽根車出口幅，K_r は実験係数（表 4-6 参照）を示す。

4-3 渦巻ポンプの設計法

4-3-1 設計仕様

渦巻ポンプは，次の設計仕様を満たすこととする。

- ・ポンプ形式：横軸片吸込形単段小形渦巻ポンプ
- ・吸込口径 D_s：80 mm
- ・吐出口径 D_p：65 mm
- ・吐出流量 Q：0.9 m³/min
- ・全揚程 H：42 m
- ・揚液：清水（20℃）
- ・電動機：2 極三相誘導電動機（周波数 60 Hz）
- ・回転数 n：3540 min⁻¹

この仕様を満たす渦巻ポンプの具体的な設計手順を説明する。ここでは，主として前節で述べた基礎理論や，これまでに報告されてきた渦巻ポンプに関する経験的な設計手法を用いて設計を進めていく。また，設計計算では **4-1**，**4-2** に合わせて，**4-3** 以降も原則として SI 単位を用いることとし，回転数，寿命の計算結果はそれぞれ 4 桁，5 桁で示す。表 4-1 に JIS B 8313：2003 で規定されている渦巻ポンプ部品の材料を示す。渦巻ポンプの材料は表に示された材料もしくは品質が同等以上のものを用いる必要がある。本書における設計手順を図 4-8 に示す。設計仕様を基に作成した組み立て図を付図 4-1 に示す。

4-3 渦巻ポンプの設計法　**107**

表 4-1 部品材料（JIS B 8313:2003 より抜粋）

部品名	材料
ポンプ本体	JIS G 5501 の FC200，JIS G 4305 の SUS304 又は JIS G 5121 の SCS13
羽根車	JIS H 5120 の CAC406，JIS G 5501 の FC150，JIS G 4305 の SUS304，JIS G 4303 の SUS304 又は JIS G 5121 の SCS13
軸受ハウジング	JIS G 5501 の FC150
主軸	JIS G 4051 の S30C 又は JIS G 4303 の SUS403，SUS304
キー	JIS G 4051 の S45C 又は JIS G 4303 の SUS403，SUS304
ライナリング	JIS H 5120 の CAC406，CAC202，JIS G 5501 の FC150[11] 又は JIS G 4305 の SUS304
インペラナット	JIS H 5120 の CAC406，CAC202，JIS G 3101 の SS400[11]，JIS H 3250 の C3604BE，C3604BD 又は JIS G 4303 の SUS403，SUS304
パッキン押さえ	JIS H 5120 の CAC406，CAC202，JIS G 5501 の FC150 又は JIS G 4303 の SUS403
パッキン押さえボルト・ナット	JIS H 3250 の C3604BE，C3604BD，JIS H 5120 の CAC202，JIS G 3101 の SS400[11]（さび止め処理を施したもの）又は JIS G 4303 の SUS403
呼び水じょうご（必要な場合）	JIS G 5501 の FC150，JIS G 3101 の SS400 又は合成樹脂
コック類（必要な場合）	JIS H 5120 の CAC406，CAC202 又は JIS H 3250 の C3604BE，C3604BD
共通ベース	JIS G 5501 の FC150 又は JIS G 3101 の SS400
軸継手	JIS G 5501 の FC200 又は JIS G 4051 の S25C

注[11] これらの材料を使用する場合には，受渡当事者間の協定による。

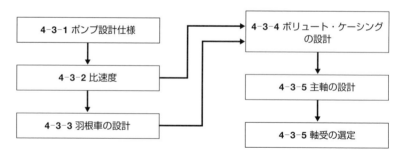

図 4-8 渦巻ポンプの設計手順

4-3-2 比速度

4-2 では，羽根車の形状，寸法が与えられた場合に理論揚程を計算する方法について述べた。渦巻ポンプの設計においては全揚程 H [m]，吐出流量 Q [m³/min]，運転回転数 n [min⁻¹] が与えられ，その要求を満たす羽根車の形状，寸法を決定しなくてはならない。ポンプの設計では，与えられたポンプの仕様から**比速度**という特性値を求め，この値をもとに設計を進めるのが一般的である[8]。比速度 n_s [min⁻¹, m³/min, m] は次式で与えられる。

■ 比速度

$$n_s = n \frac{Q^{\frac{1}{2}}}{H^{\frac{3}{4}}} \ [\mathrm{min}^{-1},\ \mathrm{m}^3/\mathrm{min},\ \mathrm{m}] \quad (4\text{-}24)$$

（それぞれ n, Q, H の単位を表す）

【8】羽根車の設計
比速度を参考にして羽根車の各寸法を暫定的に決定し，すべての寸法が決まってから 4-2 ポンプの基礎理論を用いて要求を満たしているかを確認する。

ポンプの相似則から，速度三角形が相似な運転状態にある相似な形状のポンプでは，大きさによらず比速度の値が同一となる。図4-9に示すように，比速度の値に応じて効率の良いポンプ形状が変化する。したがって，比速度からポンプのおおよその幾何学的形状が求まり，設計パラメータを経験的に求めることができる。なお，比速度は最高効率点における流量と全揚程の値を用いて計算する。

与えられたポンプの仕様において，比速度 n_s は式4-24から

$$n_s = n\frac{Q^{\frac{1}{2}}}{H^{\frac{3}{4}}} = 3540 \times \frac{0.9^{\frac{1}{2}}}{42^{\frac{3}{4}}} = 204 \ [\mathrm{min^{-1}, m^3/min, m}] \tag{4-25}$$

であり[9]，図4-9から比速度 $n_s = 204$ は片吸込渦巻ポンプの領域であることがわかる。比速度の計算に用いる流量 Q の単位は $[\mathrm{m^3/min}]$ であることに注意する。

[9] 比速度の単位はこれ以降省略する。

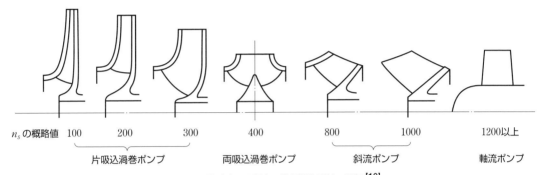

図4-9 比速度と羽根車の幾何学的形状の関係[10]

[10]「機械図集ポンプ」日本機械学会，1971.

4-3-3 羽根車の設計

羽根車を通過する流量　羽根車を通過した水が図4-7の2箇所のライナリング部から吸込口側に戻る流量 $q\,[\mathrm{m^3/s}]$ とし，軸封部等から外部に漏れる流量は無視できるものとすると，ポンプの吐出流量 $Q\,[\mathrm{m^3/s}]$ と羽根車を通過する流量 $Q'\,[\mathrm{m^3/s}]$ の関係は

$$Q' = Q + q\,[\mathrm{m^3/s}] \tag{4-26}$$

となる。体積効率 η_v は次式で定義される。

■ 体積効率

$$\eta_v = \frac{Q}{Q'} \tag{4-27}$$

経験的に体積効率 $\eta_v = 0.93$ と仮定すると，式4-27より

$$Q' = \frac{Q}{\eta_v} = \frac{0.9}{60} \times \frac{1}{0.93} = 0.0161\ \mathrm{m^3/s} \tag{4-28}$$

となる。

| 軸動力 | 羽根車の主要寸法を決定するにあたり、軸動力 P_s [W] を求める必要がある。ポンプ効率と比速度、流量の関係を図4-10に示す。図4-10から比速度 $n_s = 204$、吐出流量 $Q = 0.9 \text{ m}^3/\text{min}$ におけるポンプ効率を $\eta = 0.7$ と仮定する。JIS B 8313:2003にはポンプ効率に関する規定があり、ポンプ効率の最高値がJISが示すA効率[11]以上でなければならず、仮定したポンプ効率0.7はこの条件を満たしている。したがって、水の密度を 1000 kg/m^3 とすると、式4-4および4-5より軸動力 P_s [W] は次式で求められる。

【11】A効率
JIS B 8313:2003 付 図3 に A効率が示されており、ポンプ効率の最高値の目安となる。

■ 軸動力
$$P_s = \frac{P_w}{\eta} = \frac{\rho g Q H}{\eta} \quad [\text{W}] \qquad (4\text{-}29)$$

式4-29より

$$P_s = \frac{1000 \times 9.81 \times 0.9 \times 42}{60 \times 0.7} = 8.83 \times 10^3 \text{ W} \qquad (4\text{-}30)$$

となる。

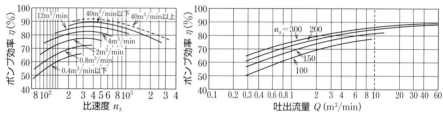

図4-10 ポンプ効率[12]

【12】寺田進著「渦巻ポンプの設計と製図」、理工図書、1967.

【13】主軸直径
JIS B 8313:2003 より、主軸直径 d [mm] は以下の式で与えられる。
$$d = k\sqrt[3]{\frac{P}{n}}$$
ここで軸動力 P [kW]、回転数 n [min^{-1}] である。k は材料による係数であり、S30Cの場合は $k = 125$、SUS403の場合は $k = 116$ となる。

| 主軸直径および
ハブ部寸法 | 図4-11に羽根車の主要寸法を示す。表4-1から主軸の材料をS30Cとする。JIS B 8313:2003 から S30C のハブ部の主軸直径 d_h [m] は次式で求められる[13]。

■ 主軸直径
$$d_h \geq 125\sqrt[3]{\frac{P_s}{n}} \times 10^{-3} \quad [\text{m}] \qquad (4\text{-}31)$$

この式を満たすよう、JIS B 0903:2001の軸端寸法から選択することが望ましい。ここで、軸動力 P_s [kW]、回転数 n [min^{-1}] である。したがって、式4-29で求めた軸動力 P_s と設計仕様の回転数からハブ部の主軸径 d_h [m] が求められる。

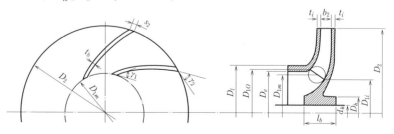

図4-11 羽根車の主要寸法

$$d_h \geqq 125\sqrt[3]{\frac{P_s}{n}} \times 10^{-3} = 125 \times \sqrt[3]{\frac{8.83}{3540}} \times 10^{-3} = 17.0 \times 10^{-3}\,\text{m} \quad (4\text{-}32)$$

キー溝による強度低下を考慮して，JIS B 0903：2001 から軸径 d_h を 20 mm とする。一般に伝動軸の軸径は $\boxed{式\,7\text{-}7}$ [14] から求められる。

軸径が 20 mm のときのキー寸法は，$\boxed{付表\,7\text{-}2}$ （JIS B 1301：1996）から $b \times h$ が 6×6 であり，キー溝を設けることによる軸強度低下は $\boxed{式\,7\text{-}38}$ [15] より，

$$\gamma = 1 - 0.2 \times \frac{6}{20} - 1.1 \times \frac{3.5}{20} = 0.748 \quad (4\text{-}33)$$

となる。したがって，S30C の許容せん断応力 $\tau_a = 24.5$ MPa とすると，$\boxed{式\,7\text{-}7}$ [13] より軸径 $d_h\,[\text{m}]$ は，

$$d_h \geqq 365\sqrt[3]{\frac{P}{\tau_a n}} \times 10^{-3} = 365 \times \sqrt[3]{\frac{8.83}{24.5 \times 0.748 \times 3540}} \times 10^{-3}$$

$$= 18.8 \times 10^{-3}\,\text{m} \quad (4\text{-}34)$$

となる。以上から，軸径が 20 mm で不都合がないことがわかる。

ハブ径 $D_h\,[\text{m}]$ およびハブ長さ $l_h\,[\text{m}]$ は次のとおり決定する。

■ ハブ径
$$D_h = (1.5 \sim 2.0)d_h\,[\text{m}] \quad (4\text{-}35)$$

式 4-35 から
$$D_h = 1.5 \times 20 \times 10^{-3} = 30.0 \times 10^{-3}\,\text{m} \quad (4\text{-}36)$$
したがってハブ径を 30 mm とする。

■ ハブ長さ
$$l_h = (1.0 \sim 2.0)d_h\,[\text{m}] \quad (4\text{-}37)$$

式 4-37 から
$$l_h = 1.5 \times 20 \times 10^{-3} = 30.0 \times 10^{-3}\,\text{m} \quad (4\text{-}38)$$
したがってハブ径を 30 mm とする。

羽根車目玉部径

羽根車入口（目玉部）の流速を $v_0\,[\text{m/s}]$ とすると，流量 $Q'\,[\text{m}^3/\text{s}]$ と断面積の関係から次式が成り立つ。

$$Q' = \frac{\pi}{4}(D_e{}^2 - D_h{}^2)v_0\,[\text{m}^3/\text{s}] \quad (4\text{-}39)$$

式 4-39 を変形すると，目玉部径 $D_e\,[\text{m}]$ は次式で求められる。

■ 目玉部径
$$D_e = \sqrt{\frac{4Q'}{\pi v_0} + D_h{}^2}\,[\text{m}] \quad (4\text{-}40)$$

羽根車目玉部の流速 $v_0\,[\text{m/s}]$ は，一般にポンプ吸込口の流速 v_s $[\text{m/s}]$ の $1.1 \sim 1.2$ 倍になるように設計する [5]。ポンプ吸込口の呼び径を $D_s\,[\text{m}]$ とすると，吸込口の流速 $v_s\,[\text{m/s}]$ は

[14] $\boxed{式\,7\text{-}7}$

$$d \geqq 365\sqrt[3]{\frac{P}{\tau_a N}}\,[\text{mm}]$$

$P\,[\text{kW}],\ \tau_a\,[\text{MPa}],\ N\,[\text{min}^{-1}]$

[15] $\boxed{式\,7\text{-}38}$

$$\gamma = 1 - 0.2\frac{b}{d} - 1.1\frac{t}{d}$$

$$v_s = \frac{4Q}{\pi D_s{}^2} = \frac{4 \times 0.9}{\pi \times 0.080^2 \times 60} = 2.99 \, \mathrm{m/s} \qquad (4\text{-}41)$$

であるから，式 4-40 より目玉部径 D_e [m] は次のように求めることができる。

$$D_e = \sqrt{\frac{4Q'}{\pi v_0} + D_h{}^2} = \sqrt{\frac{4 \times 0.0161}{\pi \times 2.99 \times 1.15} + 0.03^2} = 82.9 \times 10^{-3} \, \mathrm{m} \quad (4\text{-}42)$$

したがって，目玉部径を 82 mm とする。その他の図 4-11 に示す羽根入口の寸法については以下のとおり決定する。

$$D_{1o} = (1.0 \sim 1.1) D_e \; [\mathrm{m}] \qquad\qquad\qquad (4\text{-}43)$$

$$D_{1i} = (0.7 \sim 0.9) D_e \; [\mathrm{m}] \qquad\qquad\qquad (4\text{-}44)$$

$$D_{1m} = (D_{1o} + D_{1i})/2 \; [\mathrm{m}] \qquad\qquad\qquad (4\text{-}45)$$

式 4-43 から

$$D_{1o} = 1.02 \times 82 \times 10^{-3} = 84.0 \times 10^{-3} \, \mathrm{m} \qquad (4\text{-}46)$$

D_{1o} を 84 mm とする。

式 4-44 から

$$D_{1i} = 0.80 \times 82 \times 10^{-3} = 66.0 \times 10^{-3} \, \mathrm{m} \qquad (4\text{-}47)$$

D_{1i} を 66 mm とする。

式 4-45 から

$$D_{1m} = \frac{84 + 66}{2} \times 10^{-3} = 75.0 \times 10^{-3} \, \mathrm{m} \qquad (4\text{-}48)$$

D_{1m} は概略値であり，ここでは D_{1m} を 74 mm として設計を行う。

[16] 白倉昌明，藤井澄二 共訳，A. J. ステパーノフ「遠心ポンプと軸流ポンプ」丸善，1956.

羽根枚数と厚み 　羽根枚数は Stepanoff によって経験的に羽根出口角 γ_2 [°] から次式で与えられている[16]。

$$z \cong \frac{\gamma_2}{3} \; [枚] \qquad\qquad\qquad\qquad (4\text{-}49)$$

渦巻ポンプの羽根出口角は通常 15 ～ 25° 程度である。Stepanoff は 22.5° を推奨しており，この値を用いると羽根枚数は 7.5 枚となる。しかしながら，小形ポンプでは一般に 4 ～ 6 枚であることや，製作上の都合から本設計では 6 枚に仮決定する。羽根車の各部寸法がすべて決まってから Pfleiderer の式（後述）を用いて羽根枚数の妥当性を確認する。また，厚み t_b は表 4-2（JIS B 8313：2003）に規定されている最小厚さを考慮して決められる。

表 4-2　両側板および羽根の最小厚さ（JIS B 8313：2003 より抜粋）

羽根車の外径 [mm]	最小厚さ [mm]		
	鋳物		ステンレス鋼板
	両側板	羽根	
200 以下	2.5	2.0	0.8
200 を超えるもの	3.0	2.5	—

羽根車出口諸元

(1) 羽根出口角 γ_2

Stepanoff が推奨する羽根出口角 22.5° において渦巻ポンプの設計に有用なデータが報告されている[16] ことから，本設計では Stepanoff の推奨値である $\gamma_2 = 22.5°$ を採用する。

(2) 羽根車外径 D_2

図 4-12 は羽根出口角 $\gamma_2 = 22.5°$ の羽根車における比速度と各種設計定数を示している。羽根車外周の周速度 u_2 [m/s] は，図 4-12 中に示されている実験係数 K_u を用いて経験的に次式で与えられる。

$$u_2 = K_u \sqrt{2gH} \quad [\text{m/s}] \tag{4-50}$$

また，羽根車外径 D_2 [m] は次式となる。

■ 羽根車外径

$$D_2 = \frac{60 u_2}{\pi n} \quad [\text{m}] \tag{4-51}$$

比速度 $n_s = 204$ において，設計定数 $K_u = 1.00$ 程度であるから，

$$u_2 = 1.00 \times \sqrt{2 \times 9.81 \times 42} = 28.7 \,\text{m/s} \tag{4-52}$$

であるため，式 4-51 より

$$D_2 = \frac{60 \times 28.7}{\pi \times 3540} = 155 \times 10^{-3} \,\text{m} \tag{4-53}$$

となる。したがって，羽根車外径を 156 mm とする。

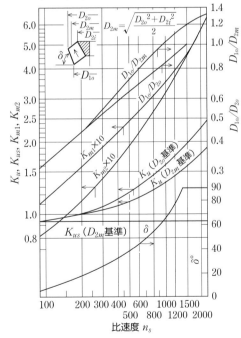

図 4-12 比速度と各種設計定数の関係[10]

(3) 羽根車出口幅 b_2

羽根車出口における絶対速度の半径方向速度 v_{m2} [m/s]（図 4-4 参照）は，図 4-12 に示す実験係数 K_{m2} を用いて次式で与えられる。

$$v_{m2} = K_{m2}\sqrt{2gH} \ \ [\text{m/s}] \tag{4-54}$$

ここで，$K_{m2} = 0.115$ 程度であるから，式 4-54 より $v_{m2}[\text{m/s}]$ は次のようになる。

$$v_{m2} = 0.115 \times \sqrt{2 \times 9.81 \times 42} = 3.30 \ \text{m/s} \tag{4-55}$$

図 4-11 に示すように，羽根出口の円周方向に沿った厚み $s_2[\text{m}]$ は，羽根の厚さ $t_b[\text{mm}]$ から次式で求められる。

$$s_2 = \frac{t_b}{\sin \gamma_2} \ \ [\text{m}] \tag{4-56}$$

式 4-56 と表 4-2 より厚さ $t_b = 2.0 \ \text{mm}$ とすると，$s_2[\text{m}]$ は次のようになる。

$$s_2 = \frac{2.0 \times 10^{-3}}{\sin 22.5°} = 5.23 \times 10^{-3} \ \text{m} \tag{4-57}$$

また，流量と断面積の関係から羽根車出口幅 $b_2[\text{m}]$ は次式となる。

■ 羽根車出口幅

$$b_2 = \frac{Q'}{v_{m2}(\pi D_2 - z s_2)} \ \ [\text{m}] \tag{4-58}$$

式 4-58 より $b_2[\text{m}]$ は次の通りとなる。

$$b_2 = \frac{0.0161}{3.30 \times (\pi \times 0.156 - 6 \times 0.00523)} = 10.6 \times 10^{-3} \ \text{m} \tag{4-59}$$

したがって，羽根車出口幅は 11 mm とする。

羽根車入口諸元

(1) 羽根入口角 γ_1

ここで求める角度 $\gamma_1[°]$ は，図 4-11 に示すように羽根入口径を表す $D_{1m}[\text{m}]$ の円と羽根がなす角度である。羽根入口では羽根の厚みによって流路断面積が減少することから，流速が増加する。増速率 λ_1 は次式で表される。

$$\lambda_1 = \frac{\pi D_{1m}}{\pi D_{1m} - \dfrac{z t_b}{\sin \gamma_1}} \tag{4-60}$$

また，$D_{1m}[\text{m}]$ 上の周速度を $u_{1m}[\text{m/s}]$ とし，羽根車入口における絶対速度の流入角を $\alpha_1 = 90°$ とすると次の式が成り立つ。

$$\tan \gamma_1 = \frac{\lambda_1 v_{m1}}{u_{1m}} \tag{4-61}$$

一般に増速率 λ_1 は 1.1 ~ 1.25 の範囲で設計される[5]。羽根入口直前における絶対速度の半径方向速度 $v_{m1}[\text{m/s}]$ は，図 4-12 に示す実験係数 K_{m_1} を用いて次式で与えられる。

$$v_{m1} = K_{m_1}\sqrt{2gH} \ \ [\text{m/s}] \tag{4-62}$$

ここで，$K_{m1} = 0.155$ 程度であるから，式 4-62 より

$$v_{m1} = 0.155 \times \sqrt{2 \times 9.81 \times 42} = 4.45 \ \text{m/s} \tag{4-63}$$

となり，周速度 $u_{1m}[\text{m/s}]$ は，次式で与えられる。

$$u_{1m} = \frac{\pi n D_{1m}}{60} \ [\text{m/s}] \tag{4-64}$$

式 4-64 より $u_{1m}[\text{m/s}]$ は次のようになる。

$$u_{1m} = \frac{\pi \times 3540 \times 0.074}{60} = 13.7 \, \text{m/s} \tag{4-65}$$

これらから式 4-60 および 4-61 を満たす解は $\gamma_1 = 20.8°$，$\lambda_1 = 1.17$ であることから，羽根入口角 γ_1 は 21.0° とする。羽根曲線は三円弧法 (**4-3-7**) で描くこととする。

(2) 羽根車入口幅 b_1

流量と断面積の関係から羽根車入口幅 $b_1[\text{m}]$ は次式で求められる。

■ 羽根車入口幅

$$b_1 = \frac{Q'}{\pi D_{1m} v_{m1}} \ [\text{m}] \tag{4-66}$$

式 4-66 から，$b_1[\text{m}]$ は次のようになる。

$$b_1 = \frac{0.0161}{\pi \times 0.074 \times 4.45} = 15.6 \times 10^{-3} \, \text{m} \tag{4-67}$$

したがって，羽根車入口幅を 16 mm に決定する。

揚程確認 羽根車の各寸法をもとに，式 4-12 から理論揚程を確認する。式 4-13 より

$$\varepsilon = \left(e^{8.16 \frac{\sin \gamma_2}{z}}\right)^{-1} = \left(e^{8.16 \times \frac{\sin 22.5°}{6}}\right)^{-1} = 0.594 \tag{4-68}$$

であり，$\dfrac{r_1}{r_2} = 0.474 < \varepsilon$，$(2r_1 = D_{1m})$ であるから，式 4-14 よりすべり率 k は，次のようになる。

$$k = \frac{\sqrt{\sin \gamma_2}}{z^{0.7}} = \frac{\sqrt{\sin 22.5°}}{6^{0.7}} = 0.176 \tag{4-69}$$

周速度 $u_2[\text{m/s}]$ および羽根車出口における絶対速度の半径方向速度 $v_{m2}[\text{m/s}]$ は，次のように求められる。

$$u_2 = \frac{\pi n D_2}{60} = \frac{\pi \times 3540 \times 0.156}{60} = 28.9 \, \text{m/s} \tag{4-70}$$

$$v_{m2} = \frac{Q'}{b_2(\pi D_2 - z s_2)} = \frac{0.0161}{0.011 \times (\pi \times 0.156 - 6 \times 0.00523)}$$
$$= 3.19 \, \text{m/s} \tag{4-71}$$

式 4-12 から理論揚程 $H_{th}[\text{m}]$ は，次のように求められる。

$$H_{th} = \frac{1}{g} u_2 \{(1-k)u_2 - v_{m2} \cot \gamma_2\}$$

$$= \frac{1}{9.81} \times 28.9 \times \{(1 - 0.176) \times 28.9 - 3.19 \times \cot 22.5°\}$$

$$= 47.5 \, \text{m} \tag{4-72}$$

4-3　渦巻ポンプの設計法　**115**

ここで，水力効率 η_h は次式で与えられる。

$$\eta_h = \frac{H}{H_{th}} \tag{4-73}$$

したがって，本設計どおりの全揚程 $H = 42\,\mathrm{m}$ を発生できるとすれば，ポンプの水力効率は 0.88 程度となる。水力効率は一般的に $0.80 \sim 0.90$ 程度であり，この範囲に入っていることから設計値通りの全揚程を発生できるとして，以後の設計を進める。体積効率は 0.93，ポンプ効率は 0.7 であるから，機械効率は式 4-6 から 0.86 程度と推測できる[17]。

【17】効率

羽根車の各寸法は暫定的に決定したものであり，それらから計算した各効率が一般的な値でない場合には再設計を行う。

羽根枚数の確認

羽根枚数 z［枚］については Pfleiderer が推奨する次式がよく用いられる[5]。

$$z = (6.0 \sim 6.5) \times \left(\frac{D_2 + D_{1m}}{D_2 - D_{1m}}\right) \sin\left(\frac{\gamma_2 + \gamma_1}{2}\right) \tag{4-74}$$

これに決定した寸法を代入すると，

$$z = (6.0 \sim 6.5) \times \left(\frac{156 + 74}{156 - 74}\right) \sin\left(\frac{22.5 + 21.0}{2}\right)$$

$$= 6.23 \sim 6.75\ \text{枚} \tag{4-75}$$

したがって，羽根枚数は仮決定した 6 枚とする。

羽根車両側板厚さ

表 4-2 より，羽根車の主板および側板の厚さ t_i［m］は 2.5 mm 以上にする必要があるため，余裕をみて 3.0 mm とする。図 4-7 に示すライナリングは内径 100 mm[12] のライナリングを用いることとし，目玉部外径 D_l［m］をライナリング内径に合わせて 100 mm とする。ライナリング幅は 12 mm，厚さは 7.5 mm とする。

羽根車材料

表 4-1 から羽根車の材料を CAC406（旧 BC6）とする。

4-3-4 ボリュート・ケーシングの設計

ボリュート

ボリュートは羽根車を通過した水を減速することで圧力を高め，吐出口に導くための流路である。一般にボリュートを流れる水の流速 v_c［m/s］は均一になるように設計される。そのため，図 4-13 に示すように巻き始め（水切り部）から出口まで断面積が一様に増加する形状となる[18]。ボリュートを流れる水の流速は，経験的に次式で与えられる。

$$v_c = K_3 \sqrt{2gH}\ \ [\mathrm{m/s}] \tag{4-76}$$

【18】ボリュート

スロート部から吐出口までは角度 $6 \sim 8°$ 以内で断面積を拡大するように設計する。吐出口のフランジ寸法については，JIS B 2220：2012 を参照のこと。

ここで，K_3 は図 4-14 で与えられる設計定数である。比速度 $n_s = 204$ において $K_3 = 0.40$ 程度であるから，これを式 4-76 に代入すると，v_c［m/s］は次のようになる。

$$v_c = 0.40 \times \sqrt{2 \times 9.81 \times 42} = 11.5\,\mathrm{m/s} \tag{4-77}$$

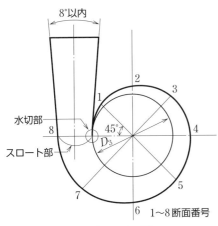

図4-13 ボリュート形状

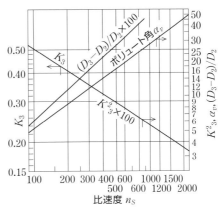

図4-14 設計定数[10]

したがって，スロート部の断面積 $A_{360}\,[\mathrm{m}^2]$ は，次式で与えられる。

$$A_{360} = \frac{Q}{v_c} \ [\mathrm{m}^2] \tag{4-78}$$

式4-78より $A_{360}\,[\mathrm{m}^2]$ は次のようになる。

$$A_{360} = \frac{0.9}{60 \times 11.5} = 1.30 \times 10^{-3}\,\mathrm{m}^2 \tag{4-79}$$

巻き始め（水切り部）から時計回りに $\theta\,[°]$ 回転した位置におけるボリュート断面積 $A_\theta\,[\mathrm{m}^2]$ は，次式で与えられる。

$$A_\theta = \frac{\theta}{360} \times A_{360} \ [\mathrm{m}^2] \tag{4-80}$$

式4-80より $A_\theta\,[\mathrm{m}^2]$ は次のようになる。

$$A_\theta = \frac{\theta}{360} \times 1.30 \times 10^{-3} = 3.61\theta \times 10^{-6}\,\mathrm{m}^2 \tag{4-81}$$

ボリュートの断面形状はいくつかの種類があるが，ここでは図4-15に示す気球形第2号（開き角 $\theta_v = 30°$）を採用する。ボリュート幅は羽根車から出る水をボリュートにうまく流入させるように決める必要がある。ここでは，次式を参考にボリュート幅 $b_3\,[\mathrm{m}]$ を決定する。

$$b_3 \cong b_2 + 2t_i + 2 \times (0.03 \sim 0.05) D_2 \ [\mathrm{m}] \tag{4-82}$$

羽根車の主板および側板の厚さ $t_i = 3.0\,\mathrm{mm}$ としており，式4-82から求まるボリュート幅の概略値は約25 mmとなる。ここでは羽根車とケーシングの間隔に余裕をもたせてボリュート幅を26 mmとする。次にボリュート基礎円直径 $D_3\,[\mathrm{m}]$ は，図4-14から

$$\frac{D_3 - D_2}{D_2} \times 100 = 13.0 \tag{4-83}$$

程度であるから，D_3 を176 mmとする。図4-15に示すボリュート断面寸法 $\rho_v\,[\mathrm{m}]$，$r_v\,[\mathrm{m}]$，$h_v\,[\mathrm{m}]$ は，断面積 $A_\theta\,[\mathrm{m}^2]$ およびボリュート幅 $b_3\,[\mathrm{m}]$ から次式で与えられる。

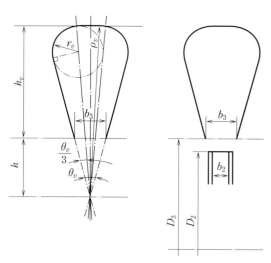

図 4-15　気球形第 2 号

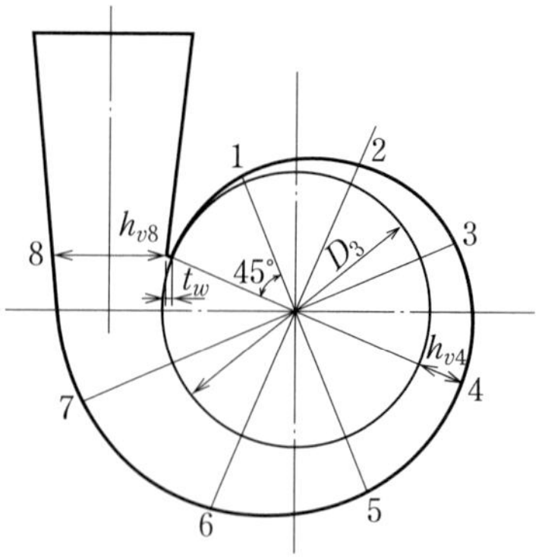

図 4-16　実際のボリュート形状

表 4-3　ボリュート断面形状

断面番号 i	断面積 A_θ [mm²]	基礎円からの断面の高さ h_{vi} [mm]	大円の半径 ρ_{vi} [mm]	小円の半径 r_{vi} [mm]
8	1304	39.5	88.1	13
7	1141	35.7	84.3	12.5
6	978	31.7	80.4	11.9
5	815	27.6	76.2	11.3
4	652	23.1	71.7	10.6
3	489	18.4	67	9.92
2	326	13.3	62	9.17
1	163	7.81	56.4	8.35

基本寸法　$\theta_v = 30°$, $b_3 = 26$ mm, $h = 48.6$ mm

$$\rho_{vi} = \sqrt{4.01(A_\theta + 0.933 b_3{}^2)} \quad [\text{m}] \tag{4-84}$$

$$r_{vi} = 0.148 \rho_{vi} \quad [\text{m}] \tag{4-85}$$

$$h_{vi} = \rho_{vi} - 1.87 b_3 \quad [\text{m}] \tag{4-86}$$

ここでは，図 4-13 に示すようにボリュートの円周を 45°間隔で 8 等分し，それぞれの位置における形状を式 4-84 ～ 4-86 より計算した結果を表 4-3 にまとめる．表 4-3 は mm の単位で示している．

水切り部の厚さ t_w [mm]（図 4-16 参照）は 3 ～ 5 mm 程度とする．水切り部はボリュート基礎円の外側に設けられるため，図 4-13 のように水切り部先端が羽根車中心に対して水平方向にある場合，ボリュート部に集められた水がスロート部を通過する際に抵抗となる．そこで図 4-16 に示すように水の流れの方向に無理が生じないように考慮して水切り部先端を水平方向からいくらか傾けて設けるとよい[19]．また，スロート部から吐出口までは 6 ～ 8°程度の角度で断面積を拡大していく．

【19】ボリュート形状
　水切り部を傾けたことにより，図 4-16 に示すように断面番号の位置が変化することに注意されたい．

ケーシング

ケーシング材料は表 4-1 から FC200 を採用する．本設計では，図 4-17 に示す側壁部と渦巻室部の強

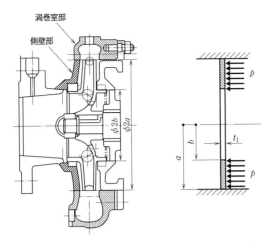

図 4-17 ケーシング強度計算　　図 4-18 円板モデル

表 4-4　ケーシング最小肉厚（JIS B 8313：2003）

吸込口径 [mm]	40〜80	100〜200
最小肉厚 [mm]	5	6

表 4-5　ζ の値

b/a	0	0.1	0.2	0.3	0.4	0.5	0.6	0.7	0.8	0.9
ζ	0.975	0.869	0.73	0.681	0.596	0.48	0.348	0.217	0.105	0.028

度計算を行い，ケーシング厚を決定する。ただし，表 4-4 に示すように，ケーシングの吸込口径ごとの最小肉厚が JIS B 8313：2003 に規定されているため，この条件を満たす必要がある。本設計ではケーシングの最小肉厚は 5 mm にする必要がある。

(1) 側壁部肉厚 t_1

側壁部肉厚を近似的に求めるため，図 4-18 に示すような等分布荷重を受ける外周固定，内周自由の円板を考える。ここで，p [Pa] は羽根車周りの流体等分布荷重，a [m] は円板の外半径，b [m] は円板の内半径，t_1 [m] は円板厚さとする。鋼，鋳鉄のポアソン比 $\nu = 0.3$ のときに b/a に対して決まる値を ζ（表 4-5 参照）とすると，この円板に生じる最大曲げ応力 σ_{max} [Pa] は次式で与えられる。

$$\sigma_{max} = \zeta \frac{pa^2}{t_1^2} \ [\text{Pa}] \tag{4-87}$$

σ_{max} を材料の許容曲げ応力 σ_a [Pa] に置き換えると t_1 は次のように与えられる。

■ 側壁部肉厚

$$t_1 = \sqrt{\zeta \frac{pa^2}{\sigma_a}} \ [\text{m}] \tag{4-88}$$

本設計では $a = D_3/2 = 88$ mm, $b = D_1/2 = 50$ mm であるから，表 4-5 より $\zeta \cong 0.390$ である．また，等分布荷重 $p = \rho gH$ であるから，FC200 の許容曲げ応力 $\sigma_a = 25$ MPa とすると，式 4-88 より次のようになる．

$$t_1 = \sqrt{0.390 \times \frac{1000 \times 9.81 \times 42 \times 0.088^2}{25 \times 10^6}} = 7.06 \times 10^{-3} \text{ m} \tag{4-89}$$

となる．したがって，側壁部肉厚は 8 mm とする．

(2) 渦巻室部肉厚 t_2

渦巻室部肉厚を近似的に求めるため，図 4-19 に示すように，内圧が加わる薄肉円筒を考える．円周方向の応力 σ_t [Pa] および軸方向の応力 σ_z [Pa] はそれぞれ式 4-90, 4-91 で与えられる．

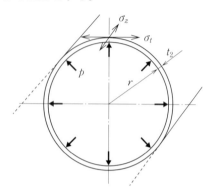

図 4-19 円筒モデル

$$\sigma_t = \frac{pr}{t_2} \text{ [Pa]} \tag{4-90}$$

$$\sigma_z = \frac{pr}{2t_2} \text{ [Pa]} \tag{4-91}$$

ここで，渦巻室の圧力 p [Pa]，円筒の内半径 r [m]，円筒厚さ t_2 [m] である．渦巻室部肉厚は式 4-90 を用いて決定すればよいことがわかる．

■ 渦巻室部肉厚

$$t_2 = \frac{pr}{\sigma_a} \text{ [m]} \tag{4-92}$$

渦巻室は円筒形とは異なるため，円筒内半径 r [m] は表 4-3 で示す断面番号 4 と 8 の基礎円からの断面高さ h_{v4} [m]，h_{v8} [m] を用いて次式で近似する．

$$r = \frac{D_3 + h_{v4} + h_{v8}}{2} \text{ [m]} \tag{4-93}$$

式 4-93 より r [m] は次のようになる．

$$r = \frac{176 + 23.1 + 39.5}{2} \times 10^{-3} = 119 \times 10^{-3} \text{ m} \tag{4-94}$$

これより式 4-92 を用いて渦巻室部肉厚は次式で求められる．

$$t_2 = \frac{1000 \times 9.81 \times 42 \times 0.119}{25 \times 10^6} = 1.96 \times 10^{-3} \text{ m} \tag{4-95}$$

したがって，渦巻室部の肉厚も側壁部厚さと同じ 8 mm とする．

4-3-5 主軸の設計

渦巻ポンプの主軸の形状を図4-20に示す。ここでは、軸の先端に羽根車が取り付けられるためオーバーハング部の強度、剛性および危険速度を検討するとともに、軸受寿命についての評価を行う。

電動機およびフランジ形たわみ軸継手の選定 図4-20に示す軸径 d_C [m] 部の先端にフランジ形たわみ軸継手を取り付け、電動機と直結させる。たわみ軸継手は JIS B 1452:1991 に規定されているものを用いるため、軸径 d_C [m] を決定するにあたり、電動機を選定しておく必要がある。

所要動力 P_t [W] は次式で与えられる。

■ 所要動力

$$P_t = \frac{(1+\alpha)P_s}{\eta_t} \text{ [W]} \qquad (4\text{-}96)$$

ここで、α は動力余裕係数であり、電動機の場合 0.1～0.2、エンジンの場合は 0.2 以上の値をとる。また η_t は伝達効率を表し、たわみ軸継手で電動機と伝動軸を直結させる場合は 1.0、ベルト駆動の場合は 0.9～0.95、歯車駆動の場合は 0.92～0.98 の値をとる。したがって、所要動力 P_t [W] は、式4-96 より次の値となる。

$$P_t = \frac{(1+0.2) \times 8.83 \times 10^3}{1.0} = 10.6 \times 10^3 \text{ W} \qquad (4\text{-}97)$$

一般用低圧三相かご形誘導電動機が JIS C 4210:2001 で規定されており、その中から P_t [W] よりも大きな定格出力の電動機を選択する。したがって、11 kW の定格出力をもつ電動機（枠番号160M）を選択する。この電動機の軸径は JIS C 4210:2001 より 42 mm であるから、JIS B 1452:1991 より継手外径 160 mm のものを採用する。

主軸寸法 主軸の剛性や危険速度、軸受寿命を検討するには、図4-20に示す主軸の各寸法を暫定的に決める必要がある。羽根車部の軸径 $d_h = 20$ mm であり、軸継手部の軸径は継手外

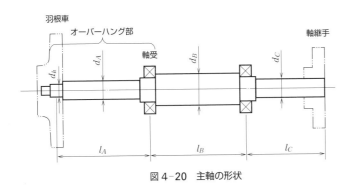

図4-20 主軸の形状

径 160 mm のフランジ形たわみ軸継手を用いることから，$d_C = 25$ mm とする。軸径 d_A[m] の部分にはねじり荷重だけでなく，羽根車の重量や半径方向スラストによる曲げ荷重が加わることから d_h[m] よりも大きくとって $d_A = 26$ mm とする。軸受にはグリース潤滑の転がり軸受シールド形 6006 表8-5 を採用することとし，軸受部の軸径を 30 mm，軸受間の軸径を 34 mm とする。また，各軸径の長さ l_A[m]，l_B[m]，l_C[m] をそれぞれ 195 mm，155 mm，100 mm としておく。

強度，剛性および危険速度　　主軸のオーバーハング部はいくつかの軸径が組み合わされた複雑な形状であるが，近似的に軸径 d_A[m] で一様とする。

(1) 強度

オーバーハング部に作用する半径方向荷重は，羽根車の重量 W_i，半径方向スラスト F_r[N]，および軸のオーバーハング部の自重 W_A[N] である。羽根車の材料である CAC406 の密度を 8.7×10^3 kg/m³ とすると羽根車の質量は大きく見積もって 1.5 kg 程度すなわち $W_i = 14.7$ N となる。半径方向スラスト F_r[N] は式 4-23 から求めることができる。実験係数 K_r のおおよその値を表 4-6 に示す。

表 4-6　半径方向スラストに関する実験係数 K_r[5]

比速度	100	150	200	250	300
$Q/Q_0 = 0$	0.11	0.16	0.20	0.26	0.33
$Q/Q_0 = 0.5$	0.045	0.07	0.10	0.15	0.20
$Q/Q_0 = 1.0$	0.015	0.015	0.015	0.015	0.02

比速度 $n_s = 204$，$\dfrac{Q}{Q_0} = 0$ において $K_r = 0.20$ であるから，式 4-23 より次のようになる。

$$F_r = K_r \left\{ 1 - \left(\frac{Q}{Q_0} \right)^2 \right\} \rho g H D_2 B_2$$

$$= 0.20 \times 1000 \times 9.81 \times 42 \times 0.156 \times 0.017 = 219 \, \text{N} \quad (4\text{-}98)$$

軸材料の S30C の密度は 7.8×10^3 kg/m³ であるから，軸のオーバーハング部（長さ l_A）の自重 W_A[N] は次のようになる。

$$W_A = \rho g \frac{\pi d_A^2}{4} l_A = 7.8 \times 10^3 \times 9.81 \times \frac{\pi}{4} \times 0.026^2 \times 0.195$$

$$= 7.92 \, \text{N} \quad (4\text{-}99)$$

したがって，軸受部（羽根車側）における曲げモーメント M_A[N·m] は次式で求められる。

$$M_A = (W_i + F_r) l_A + W_A \frac{l_A}{2} = (14.7 + 219) \times 0.195 + 7.92 \times \frac{0.195}{2}$$

$$= 46.3 \, \text{N·m} \quad (4\text{-}100)$$

また，軸径 d_A 部に作用するねじりモーメント T [N·m] は 式7-4 [20] より，次式で求められる．

$$T = \frac{60P}{2\pi N} = \frac{60 \times 8.83 \times 10^3}{2\pi \times 3540} = 23.8 \text{ N·m} \quad (4\text{-}101)$$

軸径 d_A 部にはねじりモーメント T [N·m] と曲げモーメント M_A [N·m] が同時に作用するため，相当ねじりモーメント T_e [N·m] は 式7-15 [21] より，次式で求められる．

$$T_e = \sqrt{T^2 + M_A{}^2} = \sqrt{23.8^2 + 46.3^2} = 52.1 \text{ N·m} \quad (4\text{-}102)$$

軸の許容せん断応力 $\tau_a = 24.5$ MPa とすると，式7-6 [22] から必要最小限の軸径 d_A [m] は，次式で求められる．

$$d_A \geqq \sqrt[3]{\frac{16T_e}{\pi \tau_a}} \times 10^{-3} = \sqrt[3]{\frac{16 \times 52.1 \times 10^3}{\pi \times 24.5}} \times 10^{-3}$$
$$= 22.1 \times 10^{-3} \text{ m} \quad (4\text{-}103)$$

軸径 d_A は 26 mm であるため，この条件を満たしている．

(2) 剛性

羽根車の位置におけるたわみ量 y [m] は，軸の自重を無視すると，はりの曲げ理論から次式で与えられる[23]．

$$y = \frac{W_i}{3E}\left(\frac{l_A{}^3}{I_A} + \frac{l_A{}^2 l_B}{I_B}\right)\alpha \quad [\text{m}] \quad (4\text{-}104)$$

ここで α は軸の自重の影響を考慮するための補正係数である．実際のたわみは計算値よりも 25% 程度大きくなるとして，$\alpha = 1.25$ とする．I_A [m^4], I_B [m^4] は軸径 d_A, d_B 部の断面二次モーメントであり，I_A [m^4], I_B [m^4] は 表4-2 より，次のように求められる．

$$I_A = \frac{\pi d_A{}^4}{64} = \frac{\pi \times 0.026^4}{64} = 22.4 \times 10^{-9} \text{ m}^4 \quad (4\text{-}105)$$

$$I_B = \frac{\pi d_B{}^4}{64} = \frac{\pi \times 0.034^4}{64} = 65.6 \times 10^{-9} \text{ m}^4 \quad (4\text{-}106)$$

S30C の縦弾性係数（ヤング率）$E = 206$ GPa であり，式4-104 に代入すると，y [m] は次のようになる．

$$y = \frac{14.7}{3 \times 206 \times 10^9}\left(\frac{0.195^3}{22.4} + \frac{0.195^2 \times 0.155}{65.6}\right) \times 10^9 \times 1.25$$
$$= 12.5 \times 10^{-6} \text{ m} \quad (4\text{-}107)$$

したがって，十分な剛性が確保されている．

(3) 危険速度

危険速度 n_c [min^{-1}] は自重を無視できるものとして，式7-32 [24] の導出を参考にして

$$n_c = \frac{30}{\pi}\sqrt{\frac{g}{y}} = \frac{30}{\pi} \times \sqrt{\frac{9.81}{12.5 \times 10^{-6}}} = 8426 \text{ min}^{-1} \quad (4\text{-}108)$$

---

[20] 式7-4
$$T = \frac{60P}{2\pi N} \times 10^6 \quad [\text{N·mm}]$$
P [kW], N [min^{-1}]

[21] 式7-15
$$T_e = \sqrt{\left(M + \frac{Z_p W}{2A}\right)^2 + T^2}$$
[N·mm]

[22] 式7-6
$$d \geqq \sqrt[3]{\frac{16T}{\pi \tau_a}} \quad [\text{mm}]$$

[23] 図に示すはりの曲げを計算する．

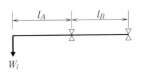

[24] 式7-32
$$n_c = \frac{30}{\pi ab}\sqrt{\frac{3EIl}{m}} \times 10^3$$
[min^{-1}]

は $n_c = \frac{30}{\pi}\sqrt{\frac{k}{m}}$ から導かれる．

ただし，k の単位は [N/m] とする．ここで $k = \frac{mg}{y}$ であるから $n_c = \frac{30}{\pi}\sqrt{\frac{g}{y}}$ となる．

であり，運転速度 3540 min^{-1} から 20 ％ 以上離れていることから，安全運転が可能である。

(4) 軸受の選定

軸受選定では，軸受に作用する荷重から寿命を算出し，一般に 20000～30000 時間となるものを採用する。そのため，暫定的に決定した軸受シールド形 6006 の寿命を計算する。図 4-21 に主軸に作用する荷重を示す。計算を簡単化するため，軸の自重 W_a [N] の重心は軸受間の中央にあるものと仮定する。S30C の軸の重量は，次式で求められる。

$$W_a = \rho g \frac{\pi}{4} \left(d_A{}^2 l_A + d_B{}^2 l_B + d_C{}^2 l_C \right)$$

$$= 7.8 \times 10^3 \times 9.81 \times \frac{\pi}{4} \times (0.026^2 \times 0.195 + 0.034^2 \times 0.155 + 0.025^2 \times 0.100)$$

$$= 22.4 \text{ N} \tag{4-109}$$

フランジ形たわみ軸継手の材料を FC200 とすると，FC200 の密度は 7.3×10^3 kg/m^3 であるから，軸継手の重量 W_f [N] はおおよそ 37.4 N 程度である。したがって，力およびモーメントのつりあいから，次の通りとなる。

$$R_L + R_R = W_i + W_a + W_f + F_r = 14.7 + 22.4 + 37.4 + 219$$
$$= 294 \text{ N} \tag{4-110}$$

$$0.195 R_L + 0.350 R_R = 0.273 W_a + 0.450 W_f = 22.9 \text{ N·m} \tag{4-111}$$

式 4-110 と 4-111 より，$R_L = 516$ N，$R_R = -222$ N となる。

次に式 4-20 で与えられる軸方向スラスト F_1 [N] を算出する。式中の v_2 [m/s] は羽根出口速度であり近似的にボリュート速度 v_3 [m/s] とすると，次のようになる。

$$F_1 = \pi \times (0.050^2 - 0.010^2) \times 1000 \times 9.81 \times \left\{ 42 - \frac{11.5^2}{2 \times 9.81} - \frac{1}{8 \times 9.81} (28.9^2 - 18.5^2) \right\}$$

$$= 2.14 \times 10^3 \text{ N} \tag{4-112}$$

この F_1 [N] が軸継手側の軸受に作用する。本設計では，軸方向スラストを軽減させるために，図 4-7 に示すように羽根車主板につりあい穴を設ける。これにより軸スラストを 20 ％ 程度に軽減できると仮定すると軸方向スラスト F_1' は次の値となる。

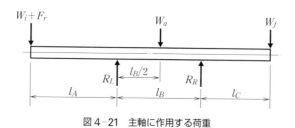

図 4-21 主軸に作用する荷重

$$F_1' = 0.2 \times 2142 = 428 \,\text{N} \qquad (4\text{-}113)$$

ここで，式 4-21 で与えられる軸方向スラスト（運動量変化によるスラスト）は，次のようになる。

$$F_2 = 1000 \times 0.0161 \times 3.44 = 55.4 \,\text{N} \qquad (4\text{-}114)$$

これより，軸方向スラスト F_a [N] は，式 4-22 より次の値となる。

$$F_a = F_1' - F_2 = 428 - 55.4 = 373 \,\text{N} \qquad (4\text{-}115)$$

これらの値を用いて暫定的に選択したシールド形 6006 の寿命を評価する（ 8-3-3 参照）。ここで，軸継手側の軸受を，軸スラストを受ける固定側軸受，羽根車側の軸受を自由側軸受とする。

軸継手側の軸受では軸方向スラスト荷重 $F_a = 373 \,\text{N}$，半径方向スラスト荷重であるラジアル荷重 $R_R = 222 \,\text{N}$ であるから，軸受の寿命評価に必要な係数は 表8-5 に示されている数値を用いて計算すると次のようになる。

$$\frac{f_0 F_a}{C_0} = \frac{14.8 \times 373}{8300} = 0.665 \qquad (4\text{-}116)$$

表8-6 より e を線形補間すると $e = 0.257$ である。また，$F_a / R_R = 1.69 > 0.257$ であるから，$X = 0.56$，$Y = 1.73$ である。したがって，軸受の動等価荷重 F [N] は 式8-12 [25] より，次式のようになる。

$$F = X R_R + Y F_a = 0.56 \times 222 + 1.73 \times 373 = 770 \,\text{N} \qquad (4\text{-}117)$$

これより，軸受寿命 L_h [h] は， 例題8-8 を参照して次のようになる。

$$L_h = \frac{10^6}{60n} \times \left(\frac{C}{F}\right)^3 = \frac{10^6}{60 \times 3540} \times \left(\frac{13200}{770}\right)^3 = 23718 \,\text{h}$$
$$(4\text{-}118)$$

したがって，シールド形 6006 を採用する。 表8-5 より 6006 のグリース潤滑時の許容回転数は $1.3 \times 10^3 \,\text{min}^{-1}$ であるからグリース潤滑を適用できる。

羽根車側の軸受はラジアル荷重 $R_L = 516 \,\text{N}$ のみ作用するから，$X = 1$，$Y = 0$ を 式8-12 [25] に代入すると，軸受の動等価荷重 F [N] は，次の値となる。

$$F = X R_L = 516 \,\text{N} \qquad (4\text{-}119)$$

これより，軸受寿命 L_h [h] は， 例題8-8 を参照して次のようになる。

$$L_h = \frac{10^6}{60n} \times \left(\frac{C_r}{F}\right)^3 = \frac{10^6}{60 \times 3540} \times \left(\frac{13200}{516}\right)^3 = 78816 \,\text{h}$$
$$(4\text{-}120)$$

したがって，軸継手側の軸受と同じシールド形 6006 を採用する。また，羽根車側も軸継手側と同様に，グリース潤滑を適用できる。

[25] 式8-12
$$F = X F_r + Y F_a \,[\text{N}]$$
ここで F_r は軸受に作用する半径方向スラストであり，軸継手側の軸受では R_R，羽根車側の軸受では R_L となる。

4-3-6 製図例

以上の結果より，設計値に基づいて作成した組立図を付図 4-1，部

4-3　渦巻ポンプの設計法　**125**

品図を付図 4-2 〜 4-9 に示す。参考として設計した渦巻ポンプの外観を図 4-22 に示す。

図 4-22 渦巻ポンプの外観

4-3-7 三円弧法

三円弧法は 3 つの円弧を組み合わせて羽根を描く方法である。三円弧法による羽根曲線の描き方を図 4-23 に示す。

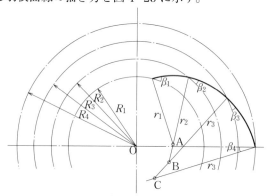

図 4-23 三円弧法

図 4-23 に示すように羽根車の入口径と出口径の間を三分割し，図中の β_1 および β_4 がそれぞれ羽根入口角と出口角に相当する。羽根中心から羽根出口方向に対して β_4 の角度で交差する直線上に点 C をとる。点 C の位置は，式 4-121 から r_3 を求めて決定する。

$$r_i = \frac{R_{i+1}^2 - R_i^2}{2(R_{i+1}\cos\beta_{i+1} - R_i\cos\beta_i)} \quad (i = 1, 2, 3) \quad (4\text{-}121)$$

半径 R_4 および R_3 の円の間に，点 C を中心とする半径 r_3 の円弧を描く。同様にして，半径 R_3 および R_2 の円，半径 R_2 および R_1 の円の間は，それぞれ図に示すように中心 B で半径 r_2 の円弧，中心 A で半径 r_1 の円弧を描くことで，羽根の曲線が決まる。

索引　INDEX

あ

圧縮力 (compressive force) ······································15

圧力角 (pressure angle) ······································60

安全率 (safety factor) ··················· 10, 27, 45, 59

渦巻ポンプ (volute pump) ·······················100

円周力 (circumference power) ···························27

オイラーの式 (Euler's formula) ·····················17

帯鋼 (SPHC) ···69

か

荷重分配係数 (load sharing coefficient) ···············27

過負荷係数 (overload coefficient) ······················27

かみあい率 (transverse contact ratio) ······ 27, 58, 60

カラー (coller) ···88

キー (key) ··93

キー溝 (key groove) ·······································93

機械効率 (mechanical efficiency) ·······················55

基準円 (reference circle) ·································63

基準強さ (basic strength) ·······························10

許容圧縮応力 (allowable compression stress) ···········50

許容繰り返し曲げ応力 (allowable repeater bending stress)

······································58

許容接触面圧力 (allowable specific screw surface pressure)

······································11

許容せん断応力 (allowable shearing stress) ······ 52, 82, 85

許容曲げ応力 (allowable bending stress) ···············93

許容面圧 (allowable surface pressure) ·················85

屈曲強さ (bucking stress) ·······························80

クランクハンドル (crank handle) ·······················82

ケーシング (casing) ·······································118

減速比 (transmission ratio) ·····························25

さ

最小軸径 (minimum shaft diameter) ····················31

最小断面二次半径 (minimum inertia radius) ·············80

最小歯数 (minimum number of teeth) ··················56

最大曲げモーメント (maximum bending moment) ·······72

材料定数係数 (material constant coefficient) ···········28

座屈荷重 (bucking load) ·································11

軸受 (bearings) ··35

軸受メタル (bearing metal) ·······························95

軸径 (shaft diameter) ·····································82

軸動力 (shaft power) ·······································110

軸方向スラスト (axial thrust) ··························105

沈みキー (sunk key) ·······································85

実揚程 (actual pump head) ······························101

周速度 (tangential speed) ························· 27, 58

主軸 (main shaft) ··121

主断面二次モーメント (principal moment of inertia) ······80

心綱 (core) ···44

シンブル (wire rope thimble) ···························46

人力 (human power) ·······································55

水動力 (water power) ······································102

ストランド (strand) ·······································44

スラスト軸受 (thrust bearing) ··························19

静摩擦係数 (static friction coefficient) ··················9

接触角 (rapping angle) ····································69

せん断 (shearing) ···51

せん断応力 (shearing stress) ······················ 18, 51

せん断力 (shearing force) ·································18

全揚程 (total pump head) ································101

速度三角形 (velocity triangle) ···························103

速度伝達比 (transmission ratio) ·················· 28, 55

素線 (wire) ···44

た

端末係数 (coefficient of end-condition) ·················11

断面係数 (modulus of section) ···························75

断面二次半径 (radius of gyration) ·······················11

断面二次モーメント (moment of inertia of area) ··········11

鋳造製作 (casting production) ····························68

張力 (tension) ···66

つめ (ratchet) ···77

つめ軸 (ratchet shaft) ····································79

つめ車 (ratchet wheel) ····································77

手巻きウインチ (hand operated wire rope winch) ········42

転位係数 (coefficient of profile shifting) ···············58

転位歯車 (profile shifted gear) ··························37

動荷重係数 (dynamic load coefficient) ··················27

止め金具 (rope clamp) ····································51

トルク (torque) ····································· 10, 53

な

内力 (internal force) ······································15

ねじ (screw) ･････････････････････････････ 8

ねじり (torsion) ････････････････････････ 16, 82

ねじりによる応力 (torsional stress) ･･････････ 16

ねじれ角係数 (angle of helix coefficient) ･････ 27

は

歯数 (number of teeth) ･･････････････････ 25, 56

歯数比 (gear ratio) ･･････････････････････ 28

歯形係数 (tooth profile factor) ･･････････ 27, 58

歯車減速装置 (mechanical reduction gear) ････ 22

破断荷重 (breaking load) ･･････････････････ 45

羽根車 (impeller) ･･････････････････････ 109

歯の曲げ強度 (tooth bending strength) ･･････ 57

歯幅 (facewidth) ････････････････････････ 24

歯幅係数 (facewidth factor) ････････････････ 78

半径方向スラスト (radial thrust) ･･････････ 107

パンタグラフ形ねじ式ジャッキ (scissors jack) ･･････ 13

バンドブレーキ (band brake) ･･････････････ 66

比速度 (specific speed) ･･････････････････ 108

ピッチ (pitch) ･･････････････････････････ 9

引張力 (tensile force) ･･････････････････････ 15

標準平歯車 (standard sper gear) ･･････････････ 56

平歯車 (spur gear) ･･････････････････････ 22

フランジ (flange) ･･････････････････････ 48

ブレーキ (brake) ･･････････････････････ 66

ブレーキ装置 (braking device) ･･････････････ 90

ブレーキドラム (brake drum) ･･････････････ 68

ブレーキバンド (brake band) ･･････････････ 69

ブレーキレバー (brake lever) ･･････････････ 69

細長比 (slenderness ratio) ････････････････ 11

ボリュート (volute) ･･････････････････････ 116

ボルト (bolt) ･･････････････････････････ 53

ポンプ効率 (pump efficiency) ･･････････････ 102

ま

巻上げ荷重 (lifting load) ･･････････････････ 45

巻上げ高さ (lifting height) ････････････････ 48

巻胴 (drum) ････････････････････････････ 48

巻胴歯車 (drum gear) ･･････････････････････ 48

曲げ (bending) ･･････････････････････････ 82

曲げ応力 (bending stress) ･･････････････ 10, 59

曲げモーメント (bending moment) ････････････ 10

摩擦角 (friction angle) ･････････････････ 9, 77

摩擦係数 (coefficient of friction) ･･････････････ 71

摩擦力 (friction force) ････････････････････ 66

豆ジャッキ (small jack) ･･････････････････ 8

面圧強度 (surface durability) ･･････････････ 57

モジュール (module) ･･････････････････ 25, 43

や

揚程 (lifting height) ････････････････････ 48

ら

ランキンの公式 (Rankin's equation) ･･････････ 80

リード (lead) ･･････････････････････････ 9

リード角 (lead angle) ･･････････････････････ 9

リベット (rivet) ･･････････････････････････ 71

領域係数 (area coefficient) ････････････････ 28

理論揚程 (theoretical head) ･･････････････ 103

リンク機構 (linkage) ･･････････････････････ 13

わ

ワイヤーロープ (wire rope) ･･････････････ 44

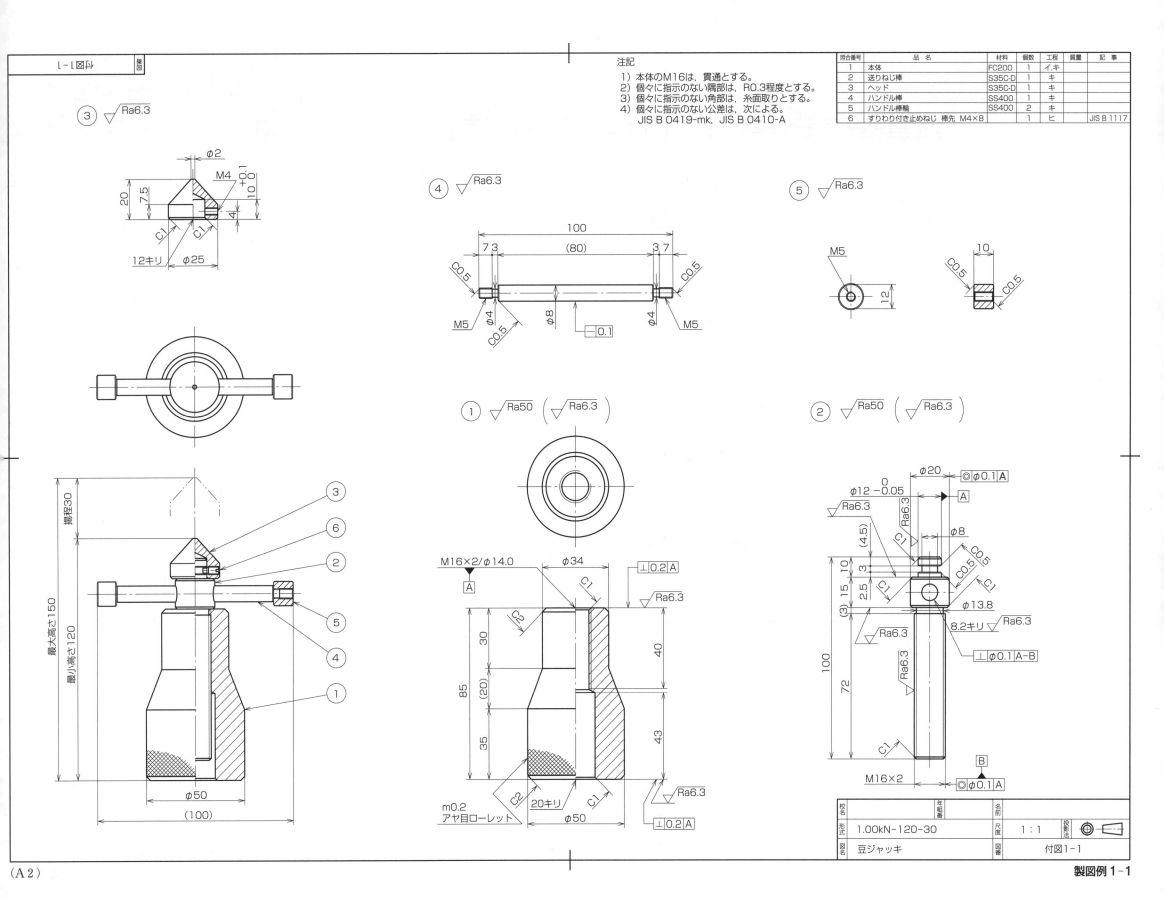

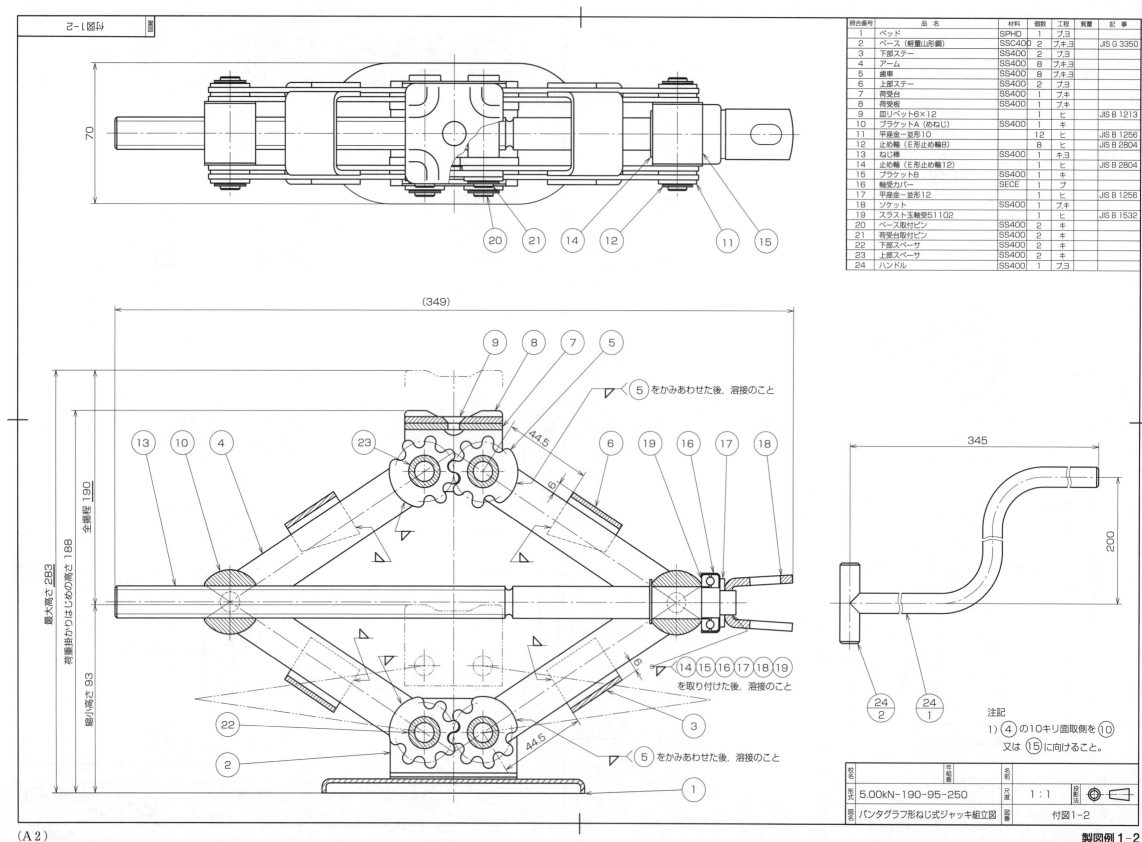

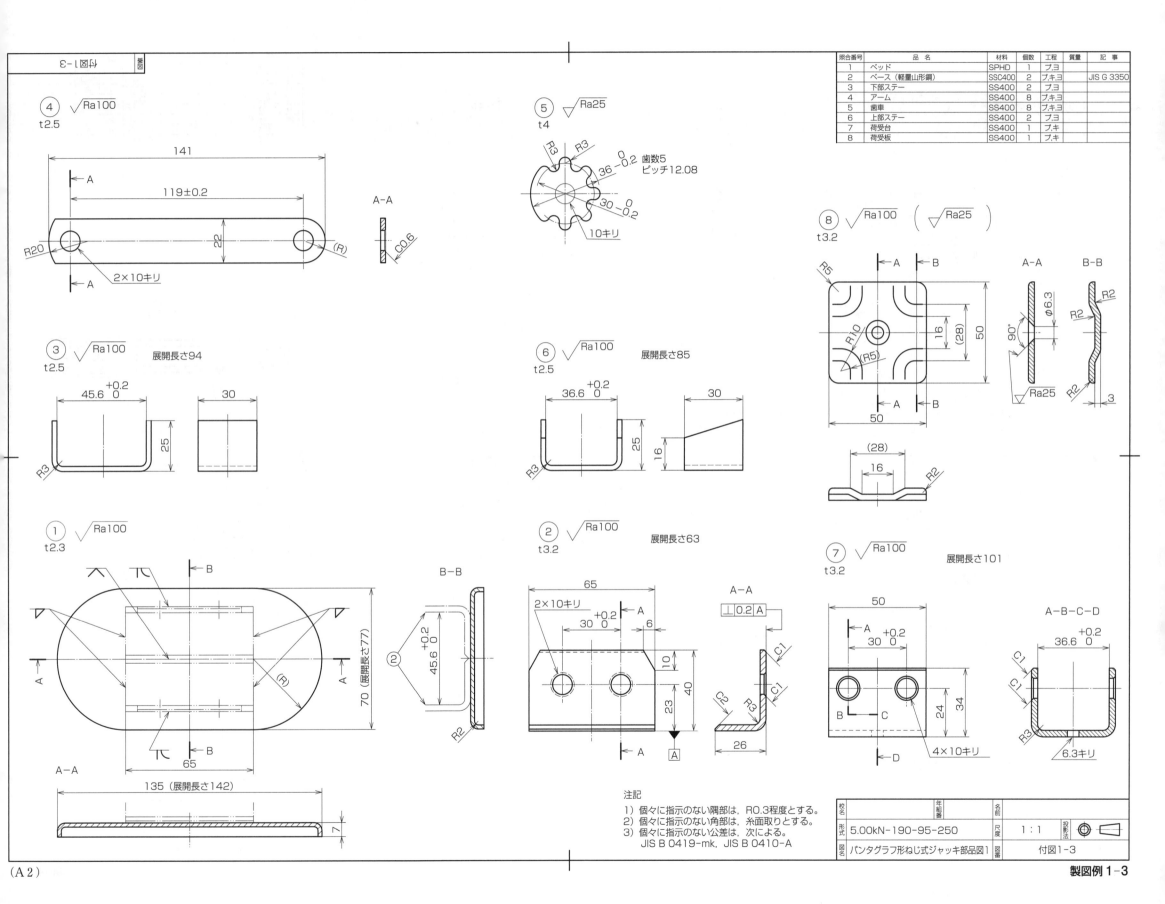

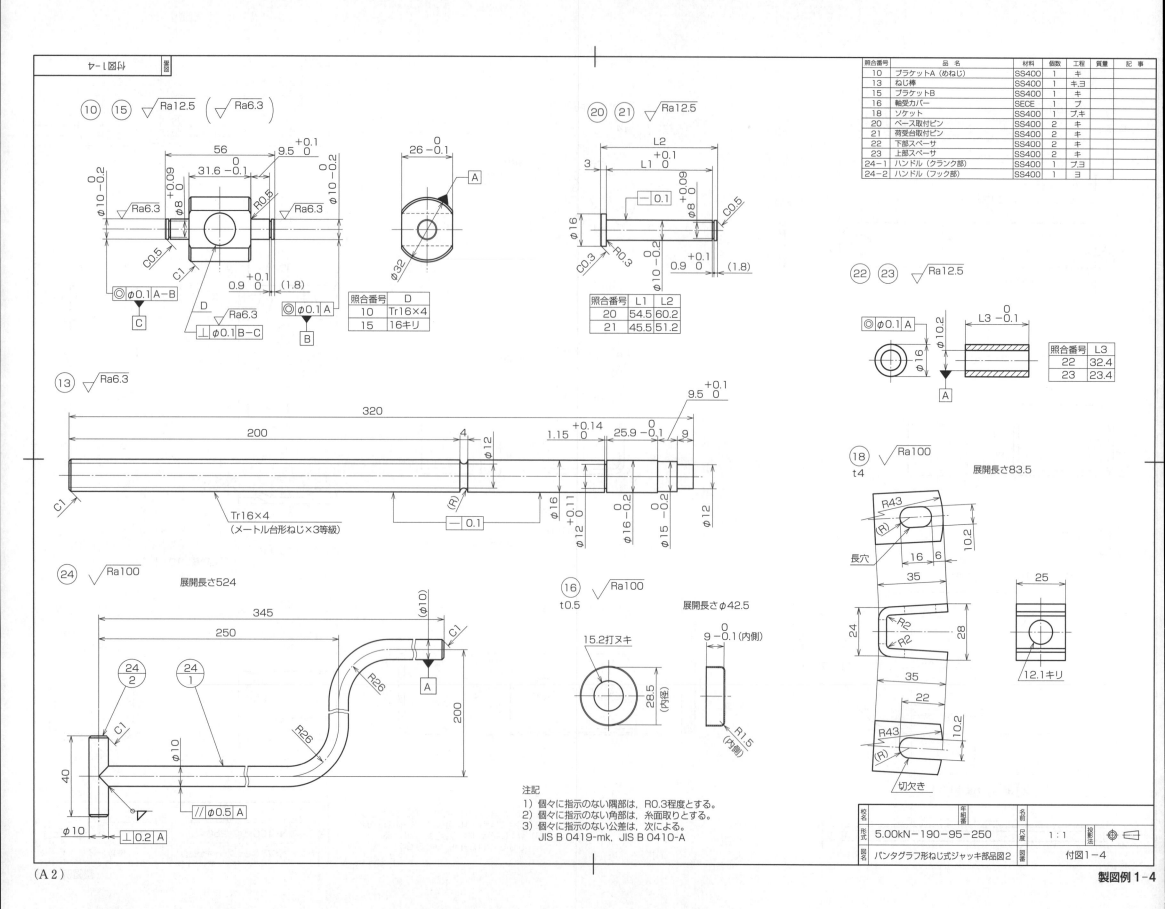

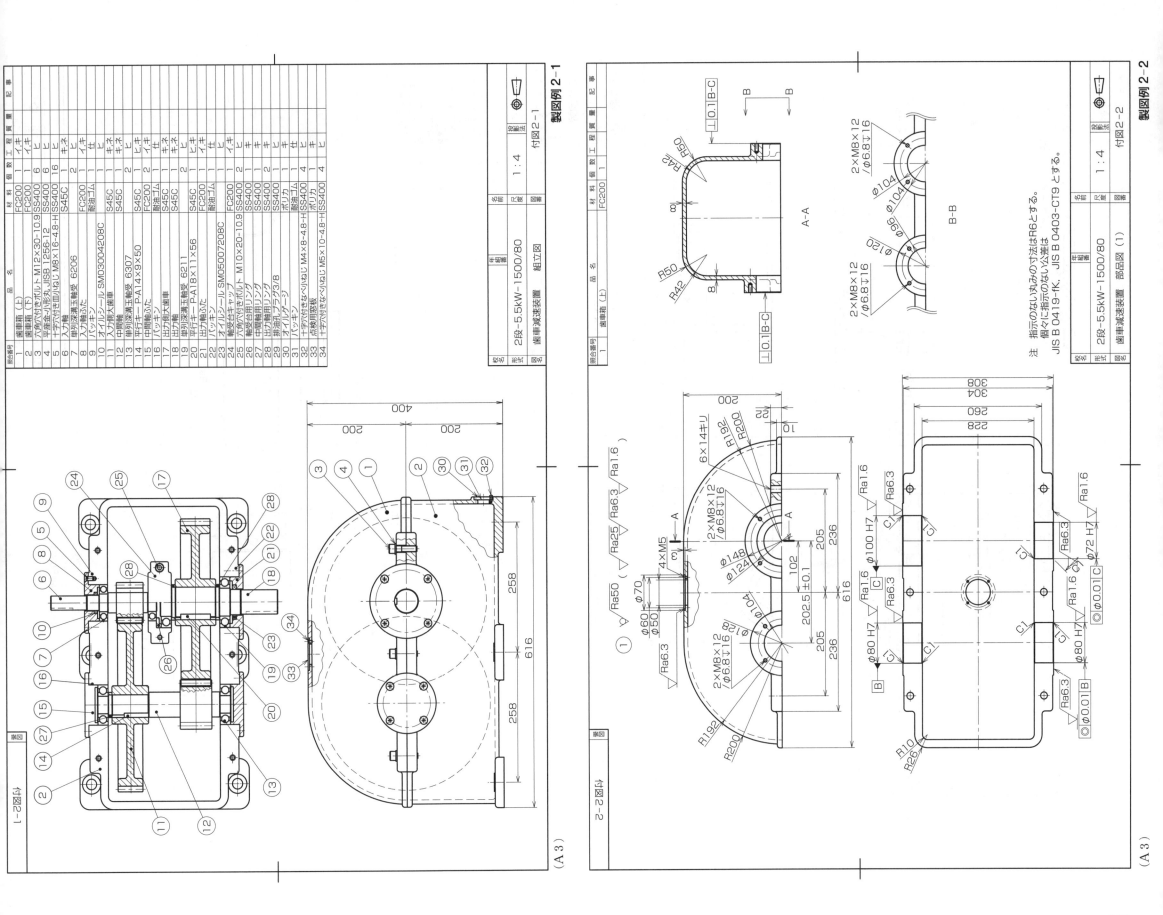

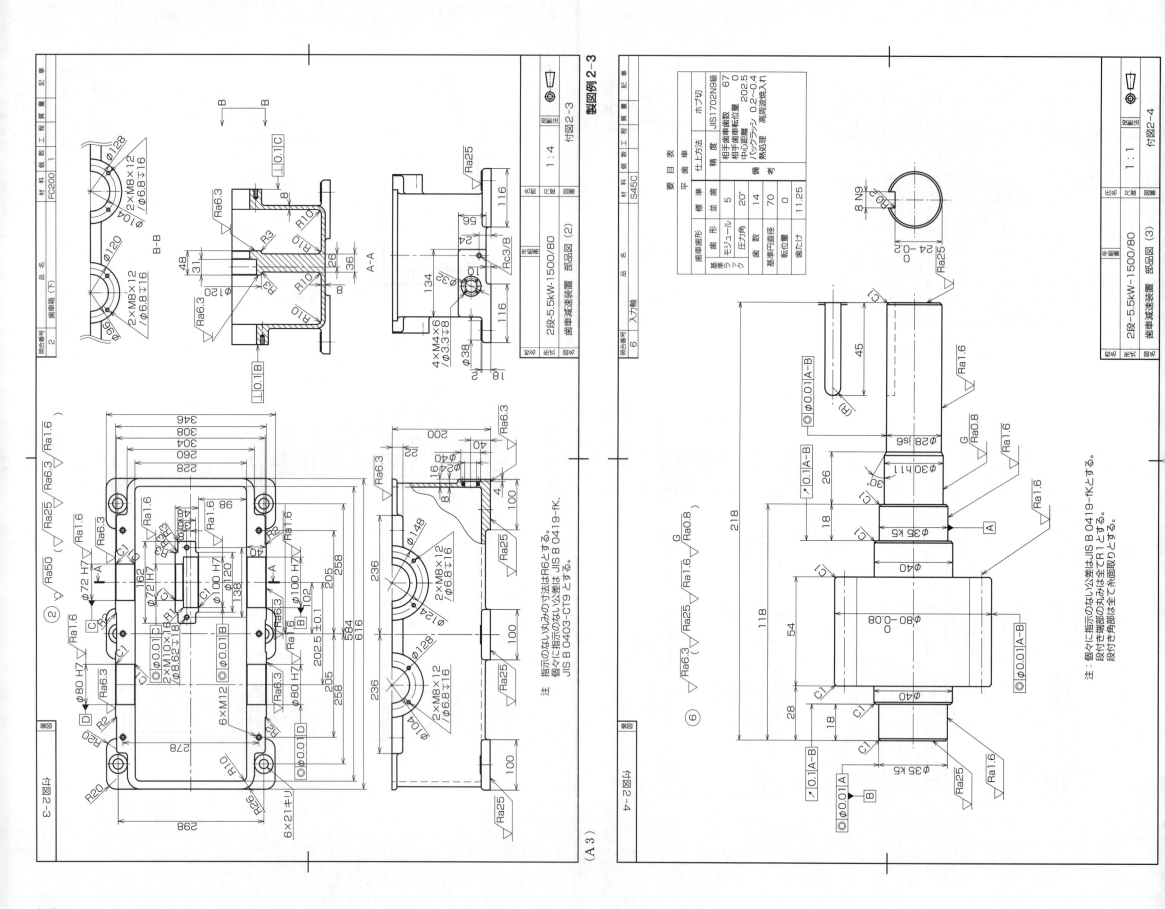

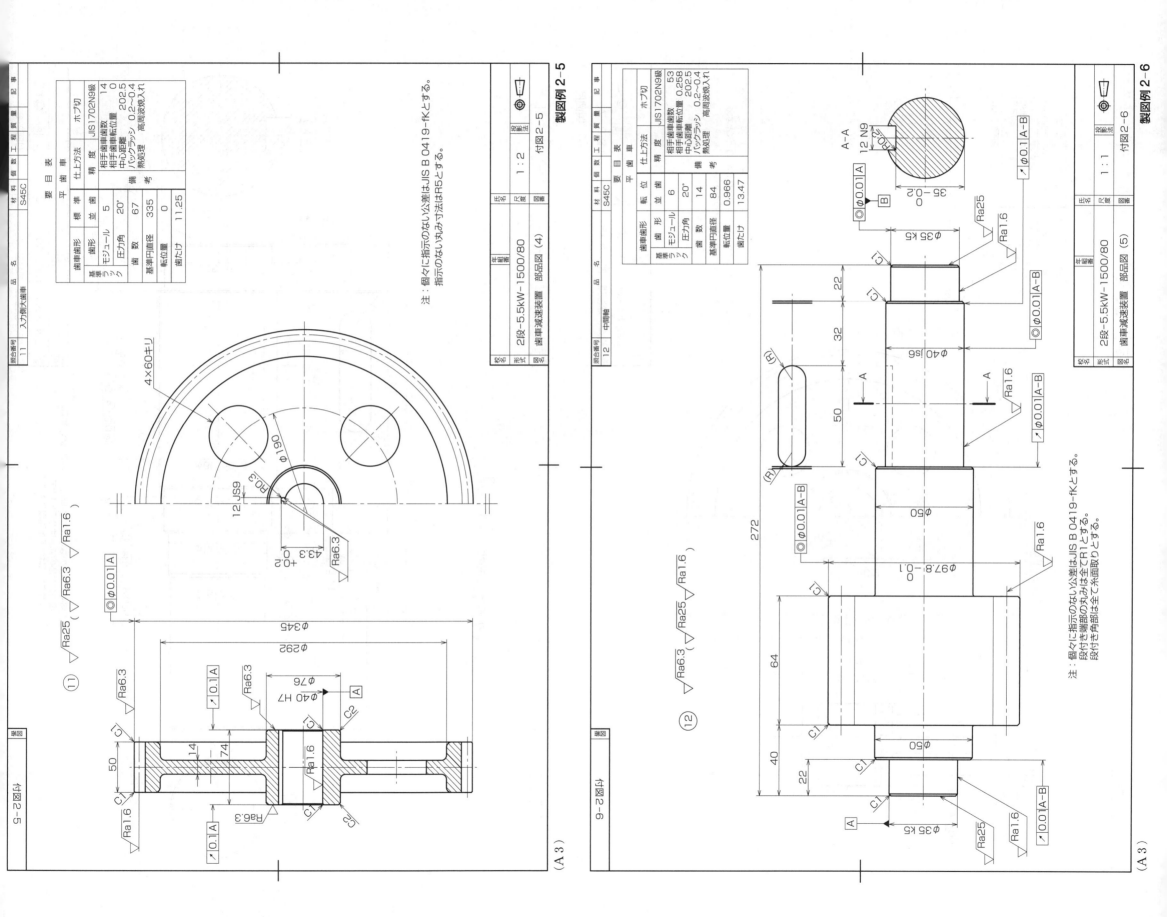

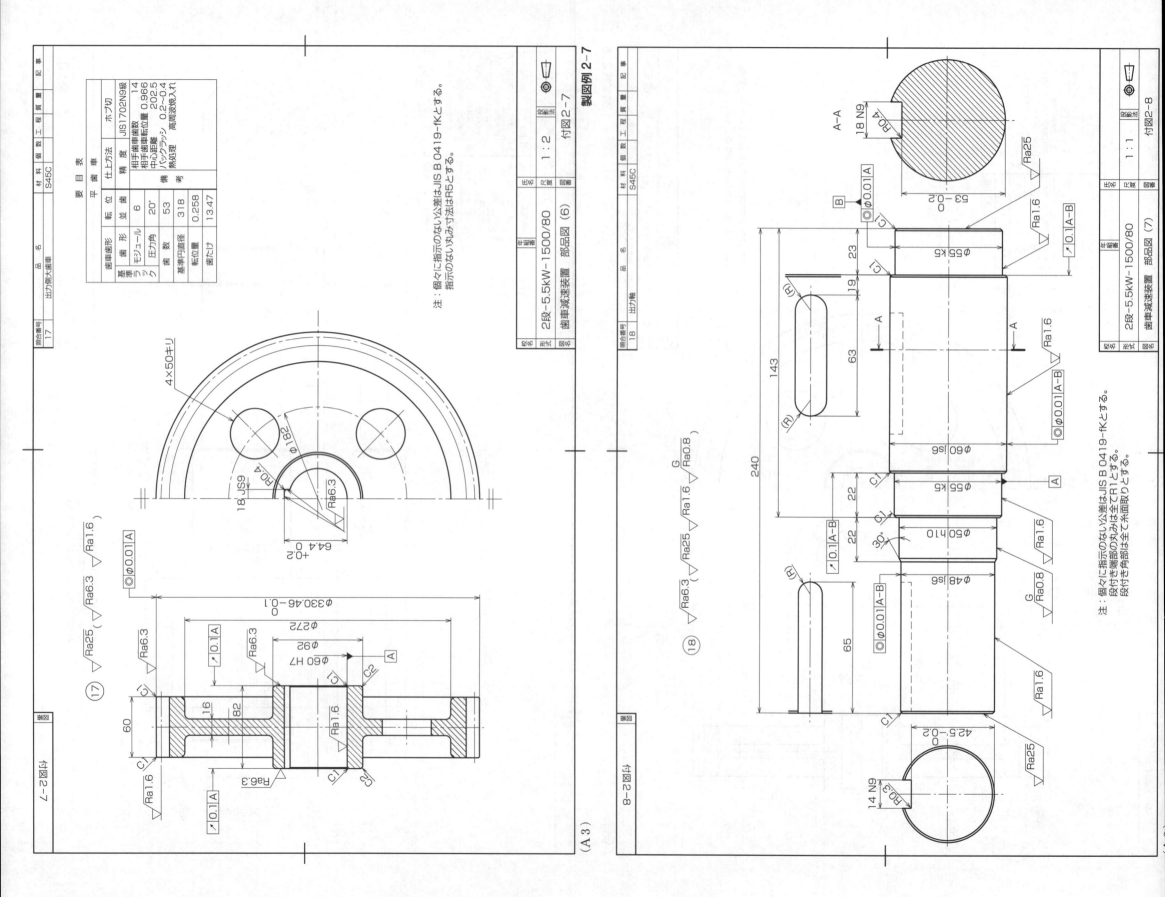

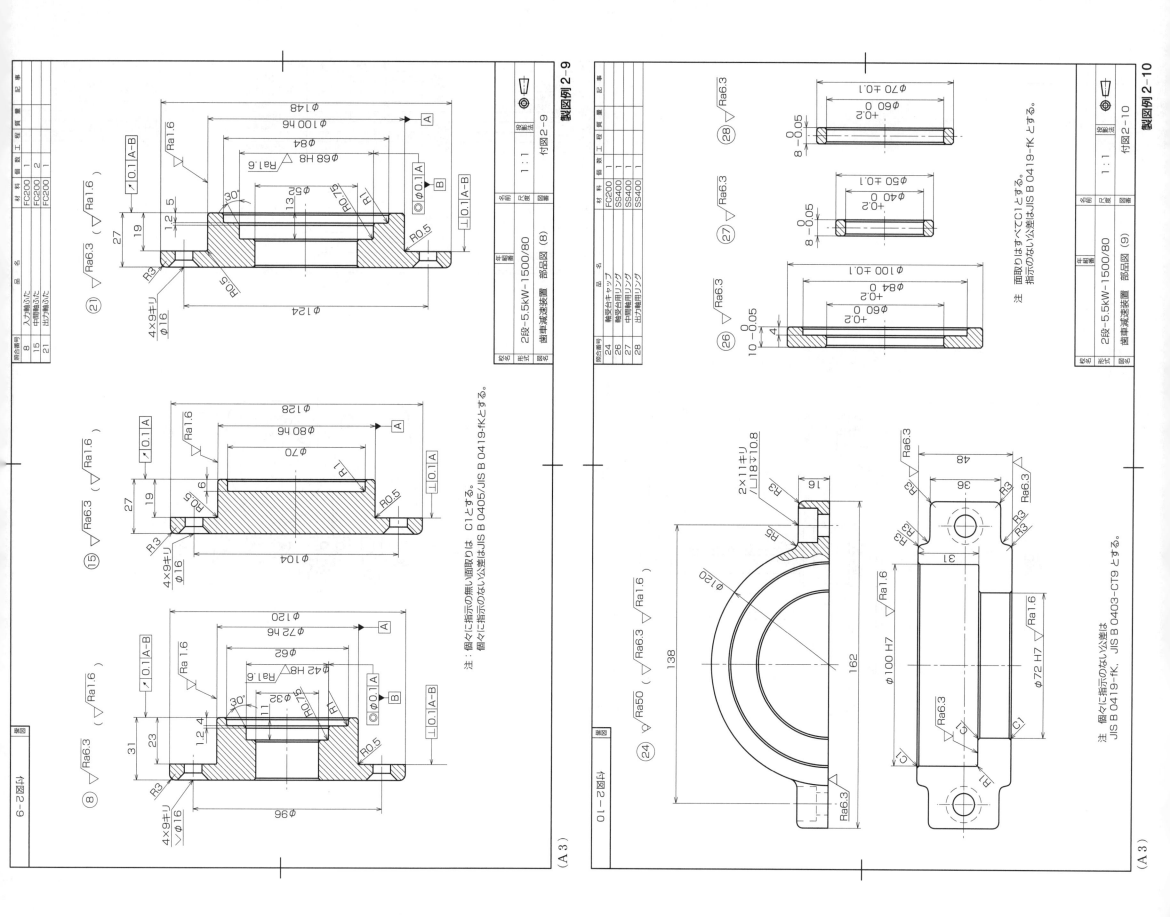

照合番号	品名	材料	個数	工程	質量	記事	照合番号	品名	材料	個数	工程	質量	記事
21	つめ軸	S50C	1	キ			1	巻胴	SS400	1	キ,ヨ		
22	つめ軸カラー	S50C	1	キ			2	ロープ止め金具	SF390	1	タ,キ		
23	ハンドル軸	S50C	1	キ			3	ハンドル軸歯車G_1	S43C	1	キ		
24	ハンドル軸軸受 UCFL206		2	ヒ			4	中間軸大歯車G_2	S43C	1	キ		
25	ハンドル	SF390A	1	タ,キ			5	中間軸小歯車G_3	S43C	1	キ		
26	ハンドルにぎり部	SS400	1	キ			6	巻胴歯車G_4	S43C	1	キ		
27	ハンドル軸止めカラー	SS400	2	キ			7	ドラム	FC200	1	イ,キ		
28	中間軸	S50C	1	キ			8	引張側バンド止め板	SS400	1	キ		
29	中間軸軸受 UCFL208		2	ヒ			9	引張側バンド止め軸	SS400	1	キ		
30	中間軸カラー(左)	SS400	1	キ			10	緩み側バンド止め板	SS400	1	キ		
31	中間軸カラー(右)	SS400	1	キ			11	緩み側バンド止め金具	S50C	1	キ		
32	巻胴軸	S50C	1	キ			12	バンド	SPHC	1	キ		
33	巻胴軸ブシュ	CAC403	2	ヒ			13	レバー	SS400	1	キ,ヨ		
34	巻胴軸カラー(左)	SS400	1	キ			14	レバー支点軸	S50C	1	キ		
35	巻胴軸カラー(右)	SS400	1	キ			15	レバー支点軸用座金	SS400	1	キ		
36	巻胴軸止め板	SS400	2	キ			16	レバー支持金具	FC200	1	イ,キ		
37	フレーム(左)	SS400	1	キ,ヨ			17	レバー支え板	SS400	1	キ,タ		
38	フレーム(右)	SS400	1	キ,ヨ			18	レバーおもり(A)	FC200	1	イ,キ		
39	フレームつなぎボルト	S25C	3	キ			19	レバーおもり(B)	FC200	1	イ,キ		
40〜	ボルト,ナット,止めねじ,キー等は省略						20	つめ	SF340A	1	キ		

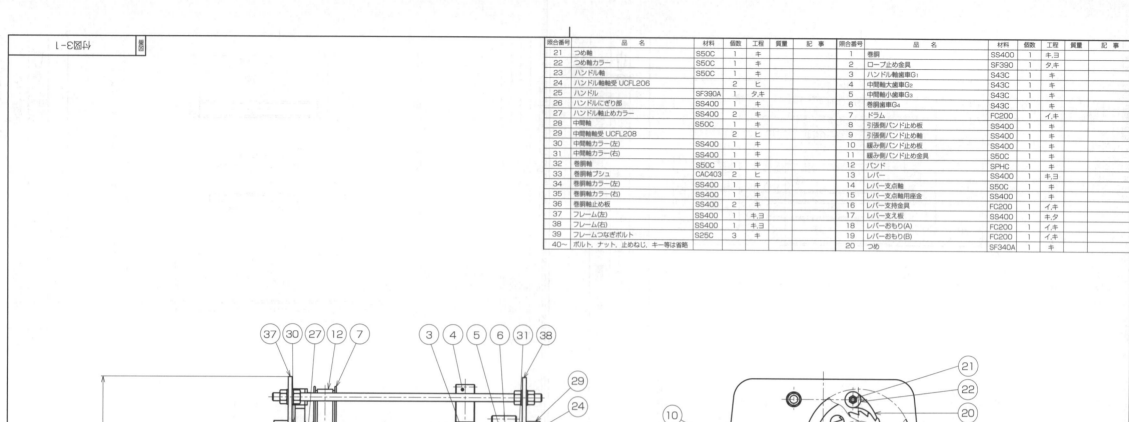

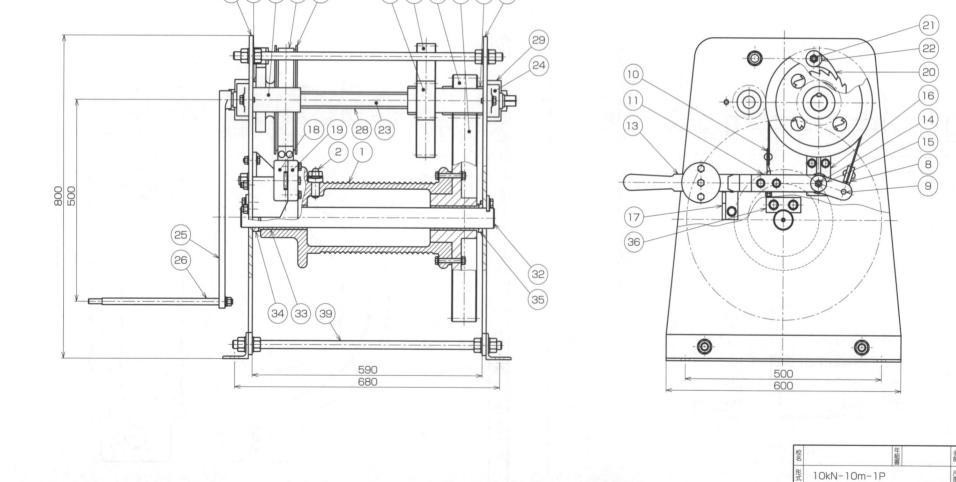

形式 10kN-10m-1P 尺度 1:5
図名 手巻きウインチ組立図 図番 付図3-1

製図例3-1

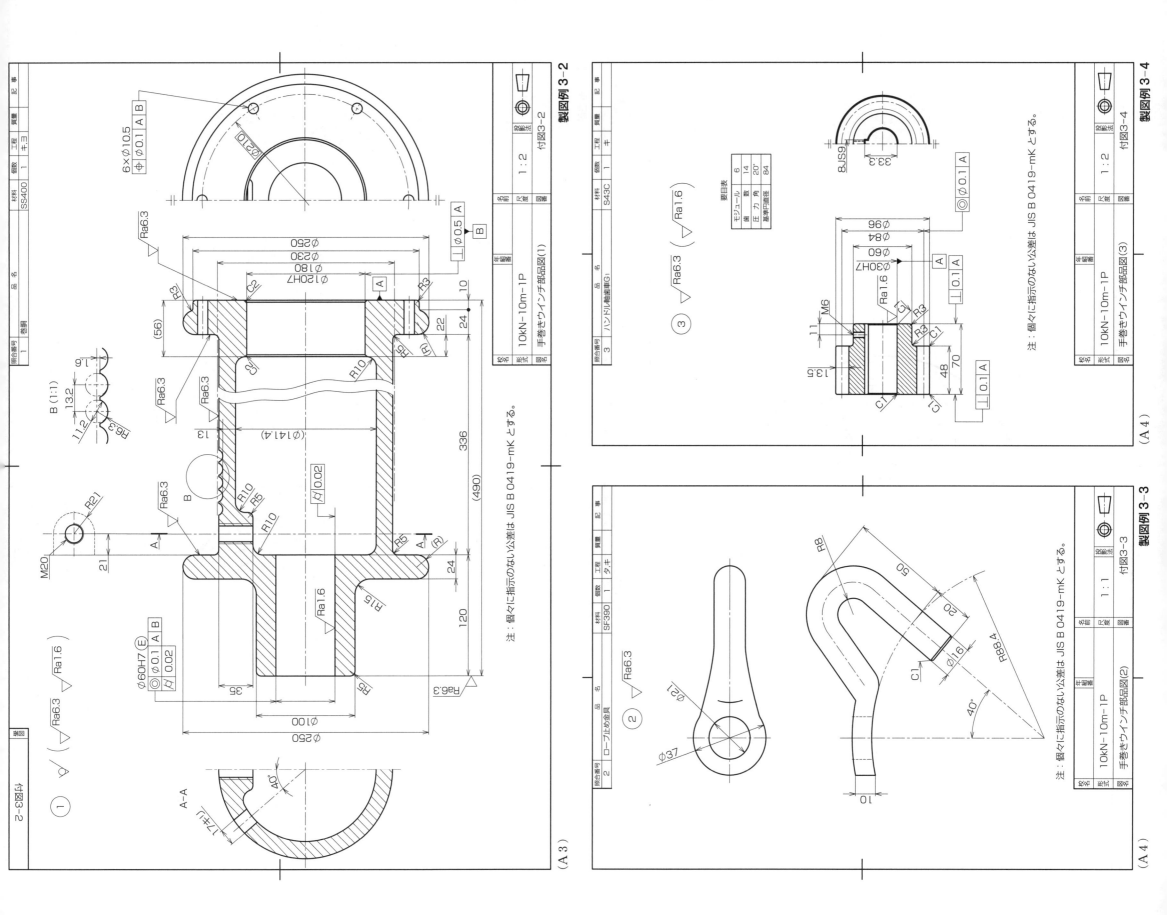

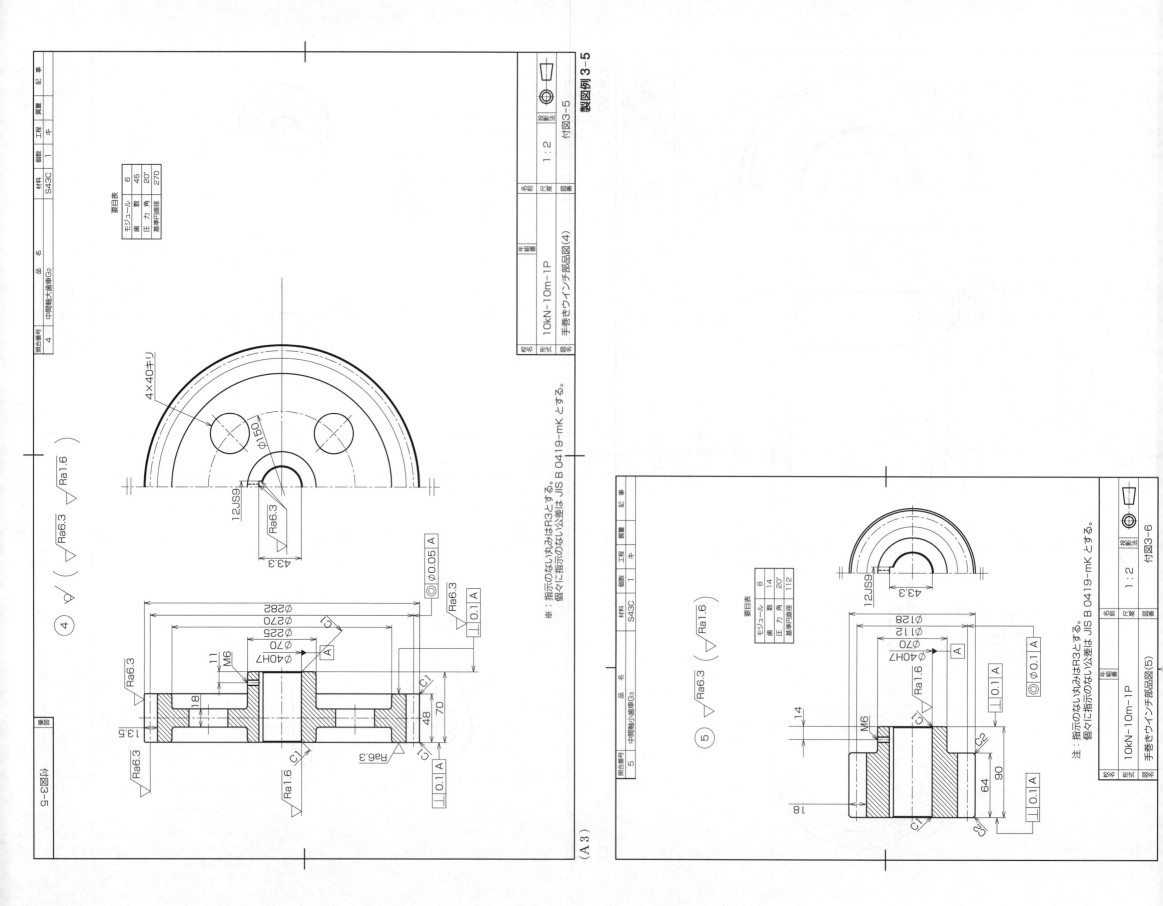

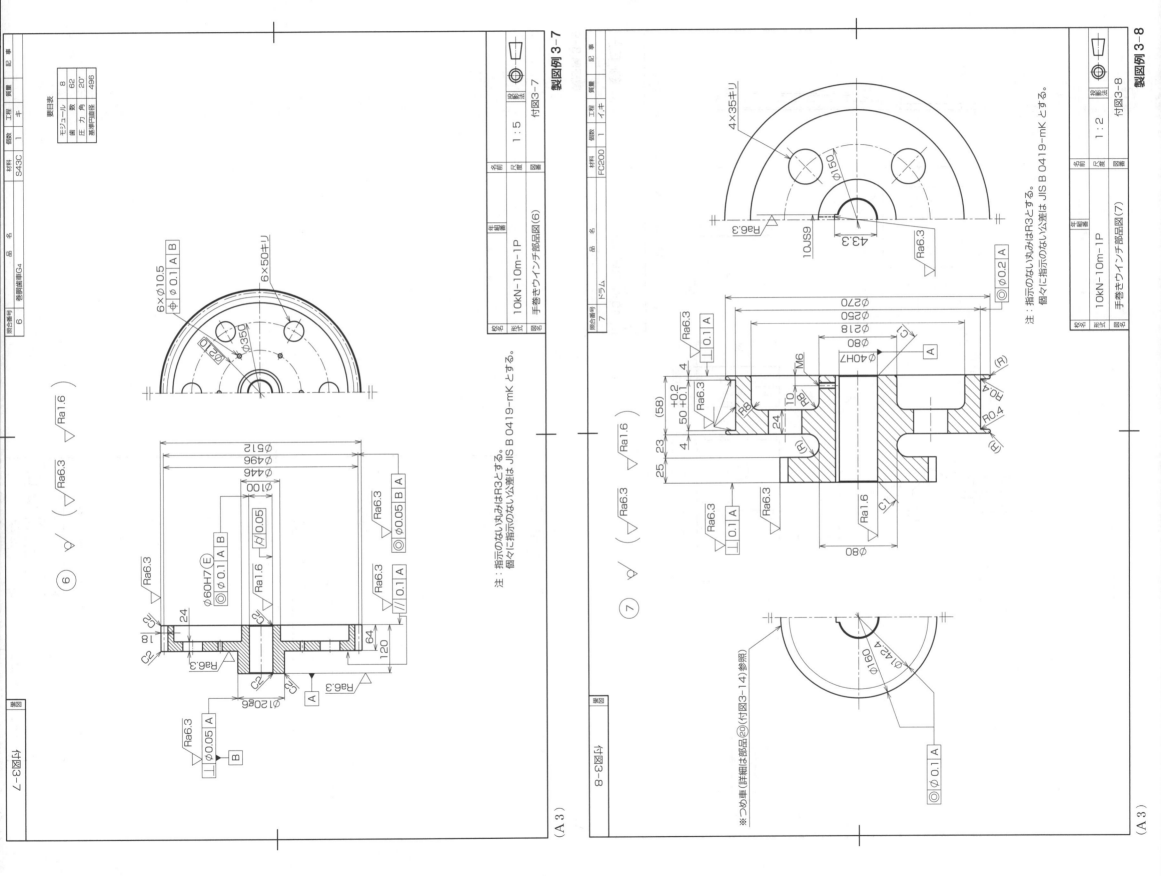

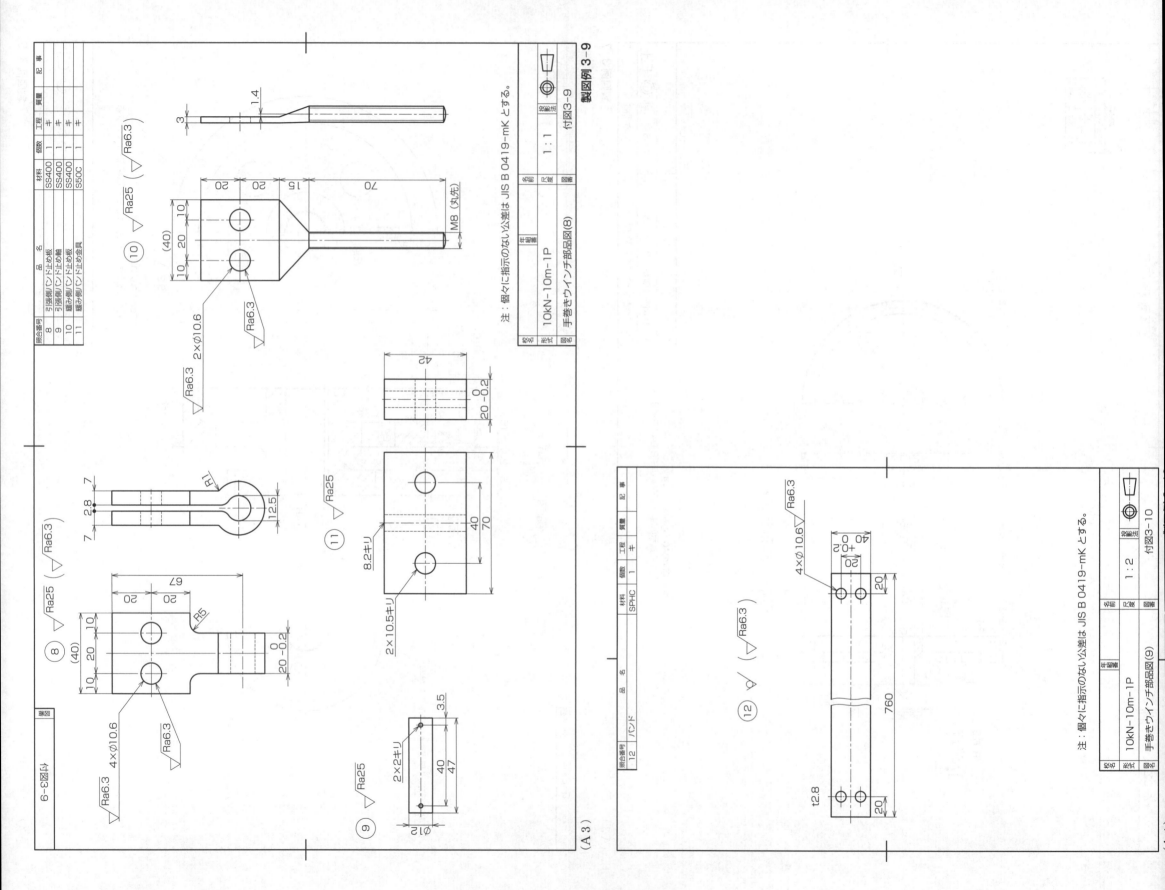

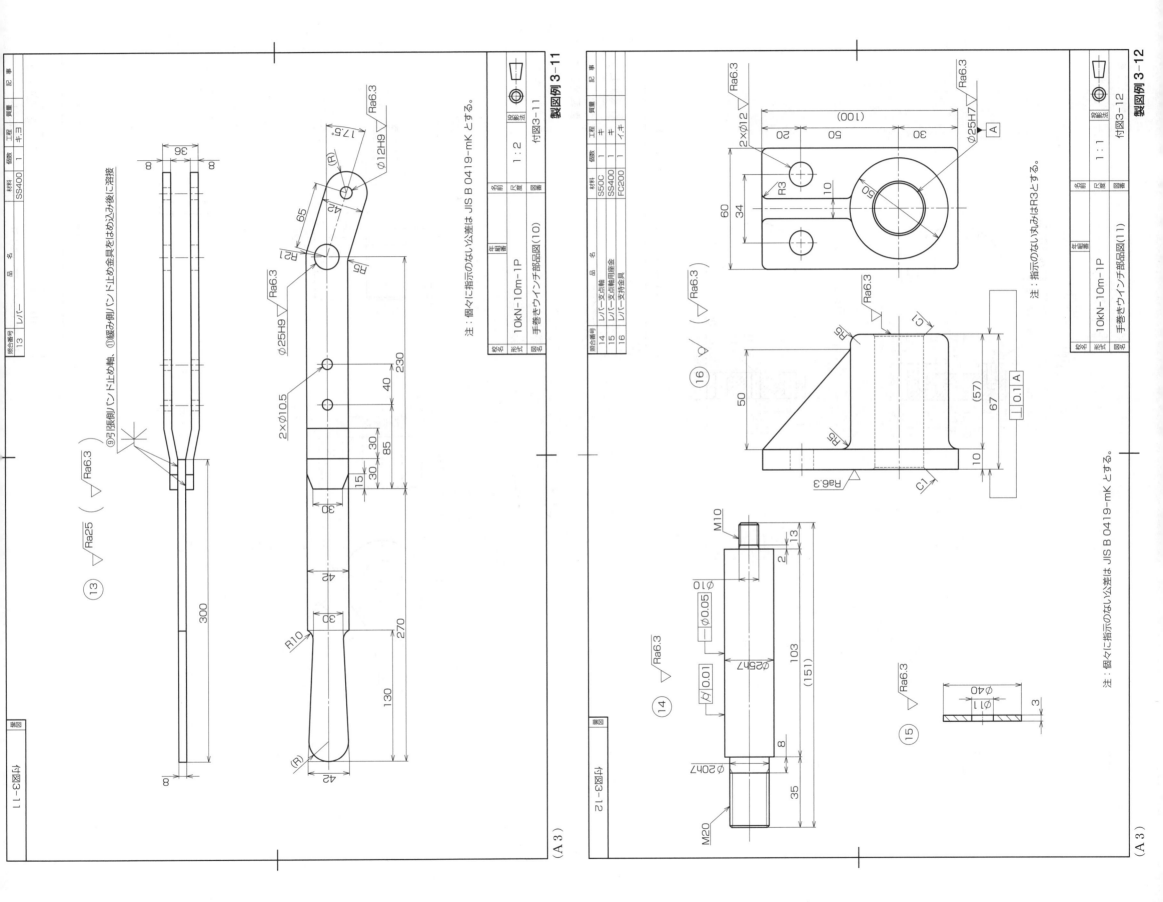

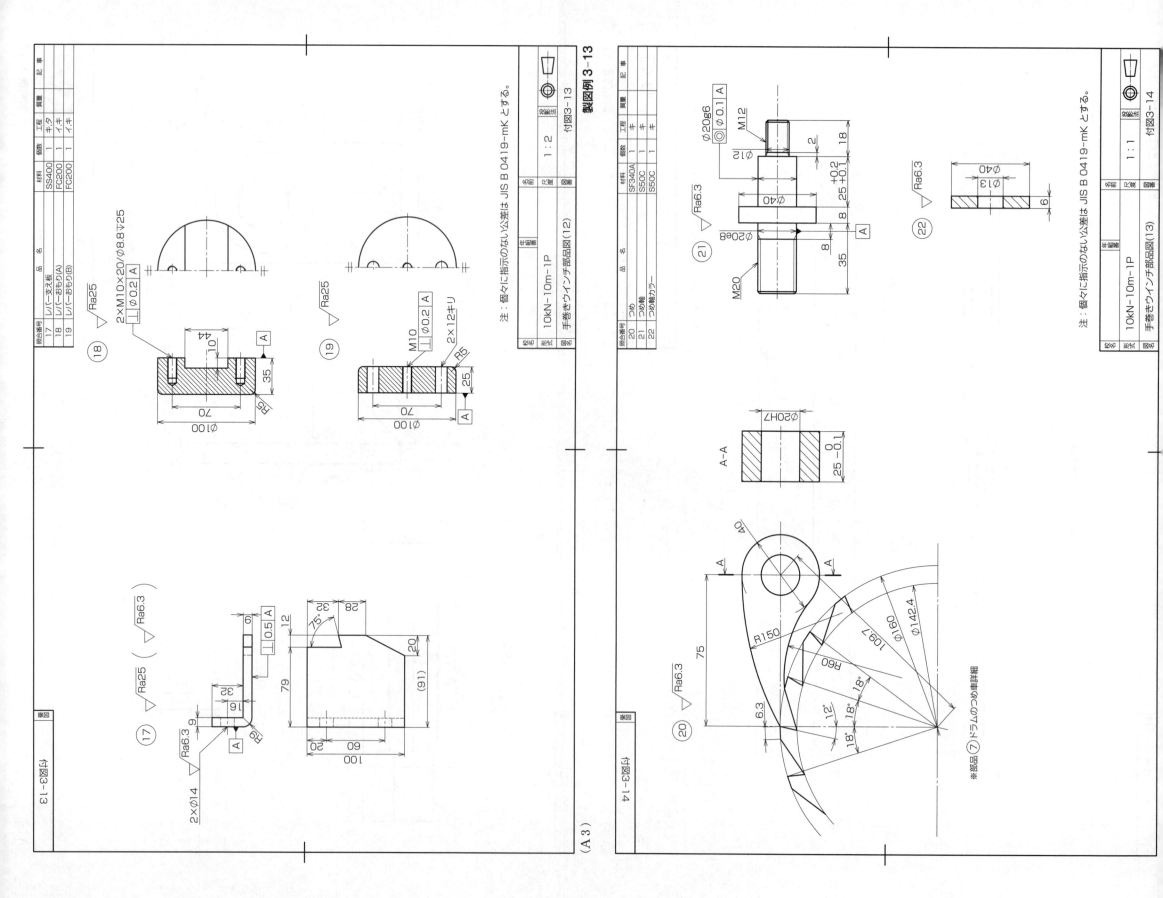

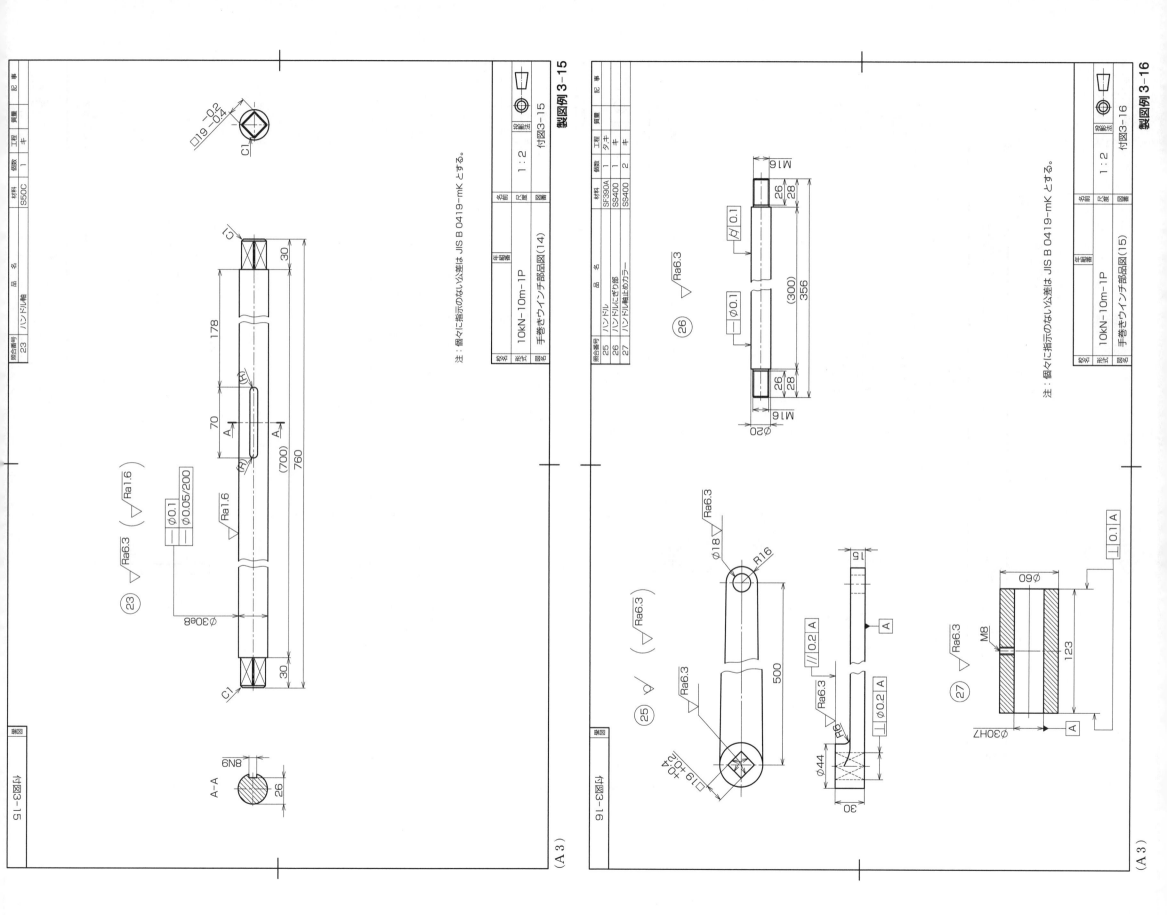

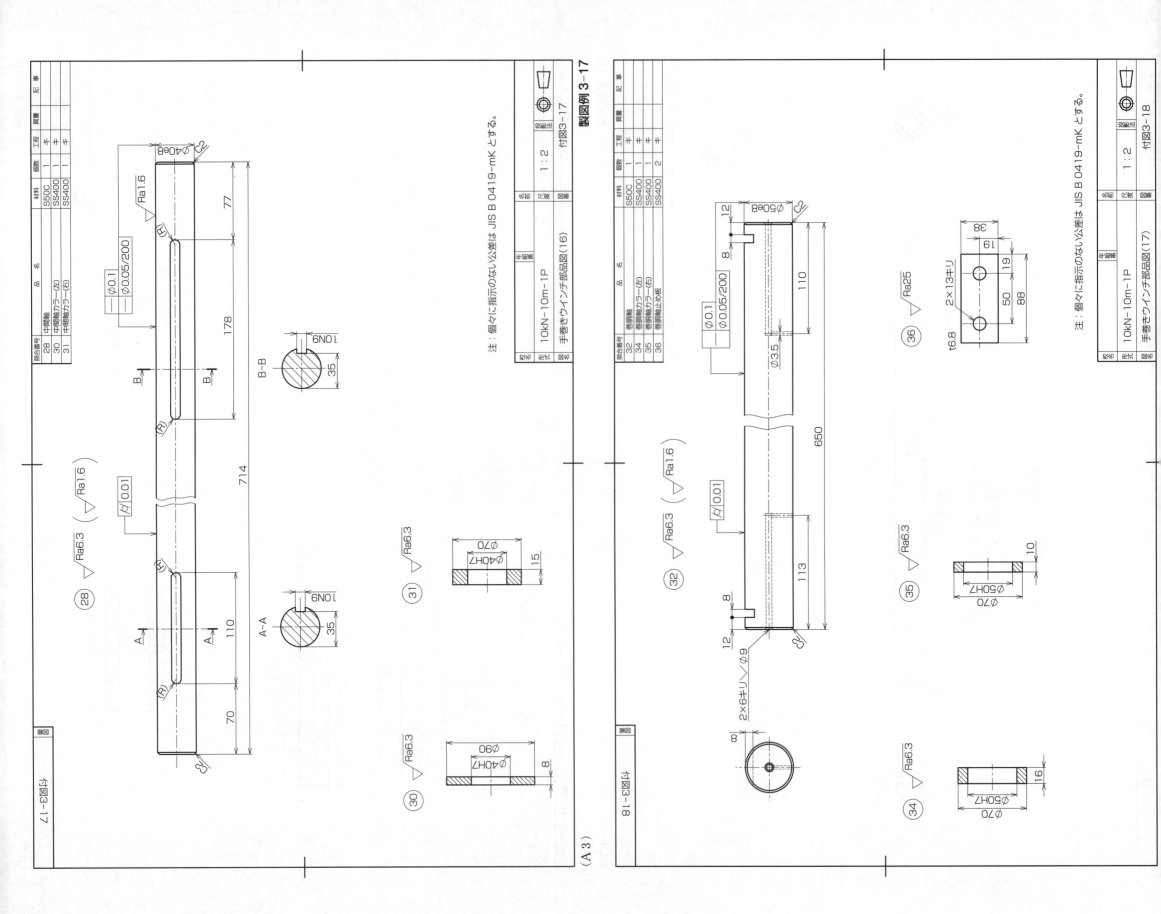

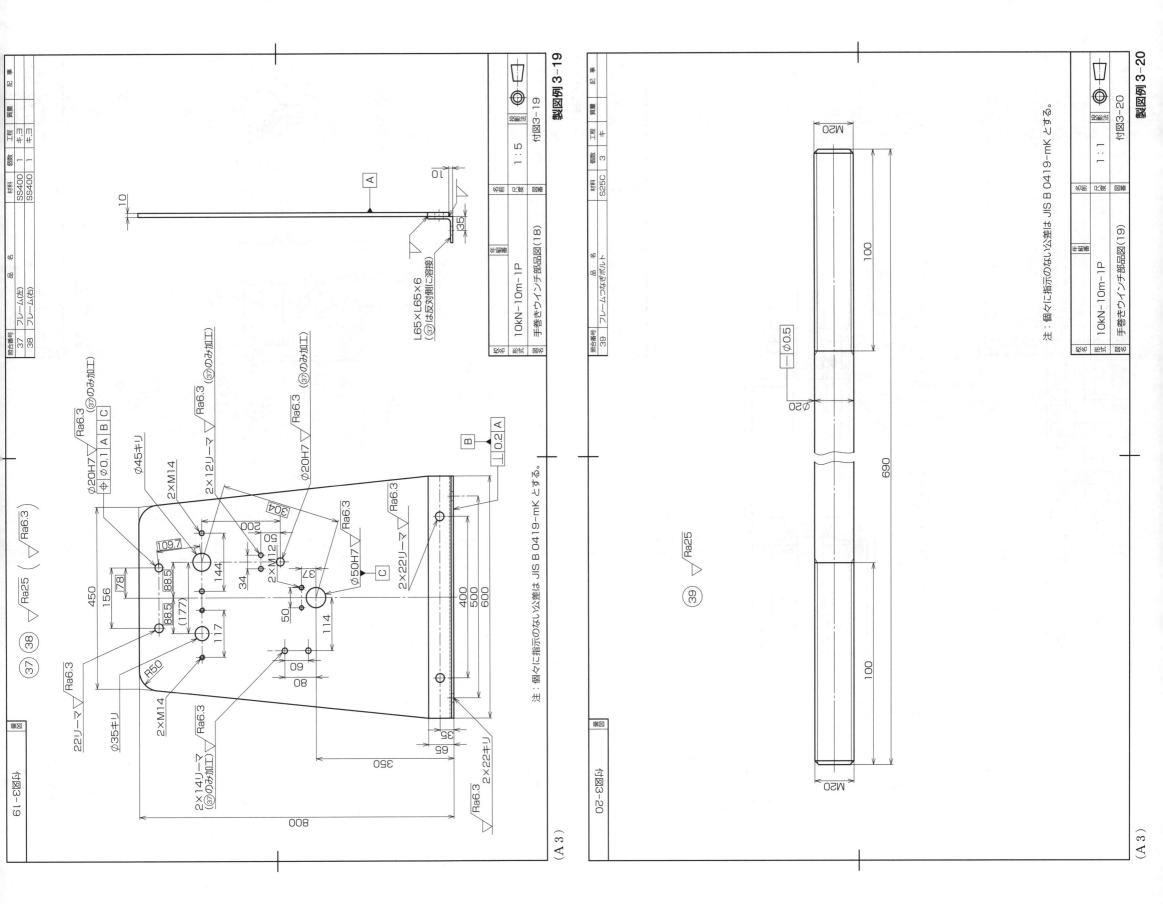

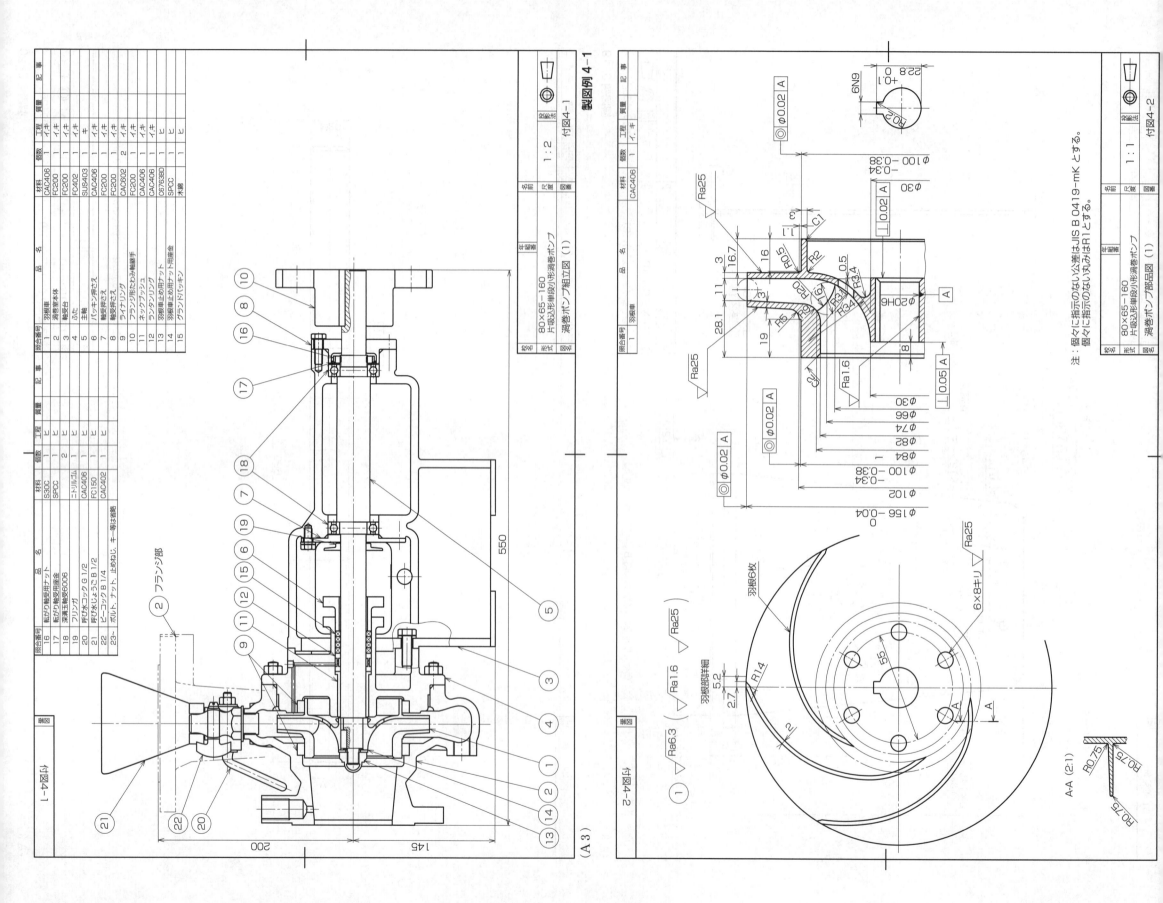

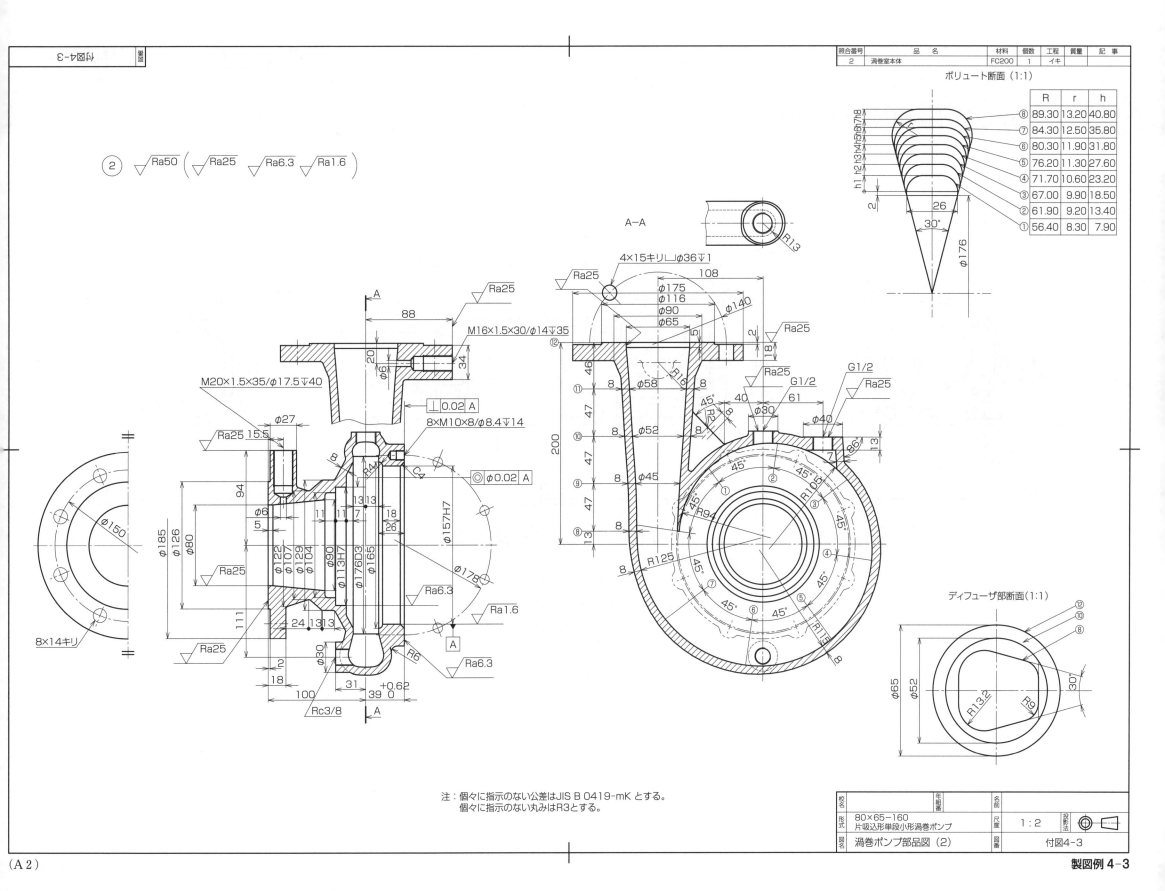

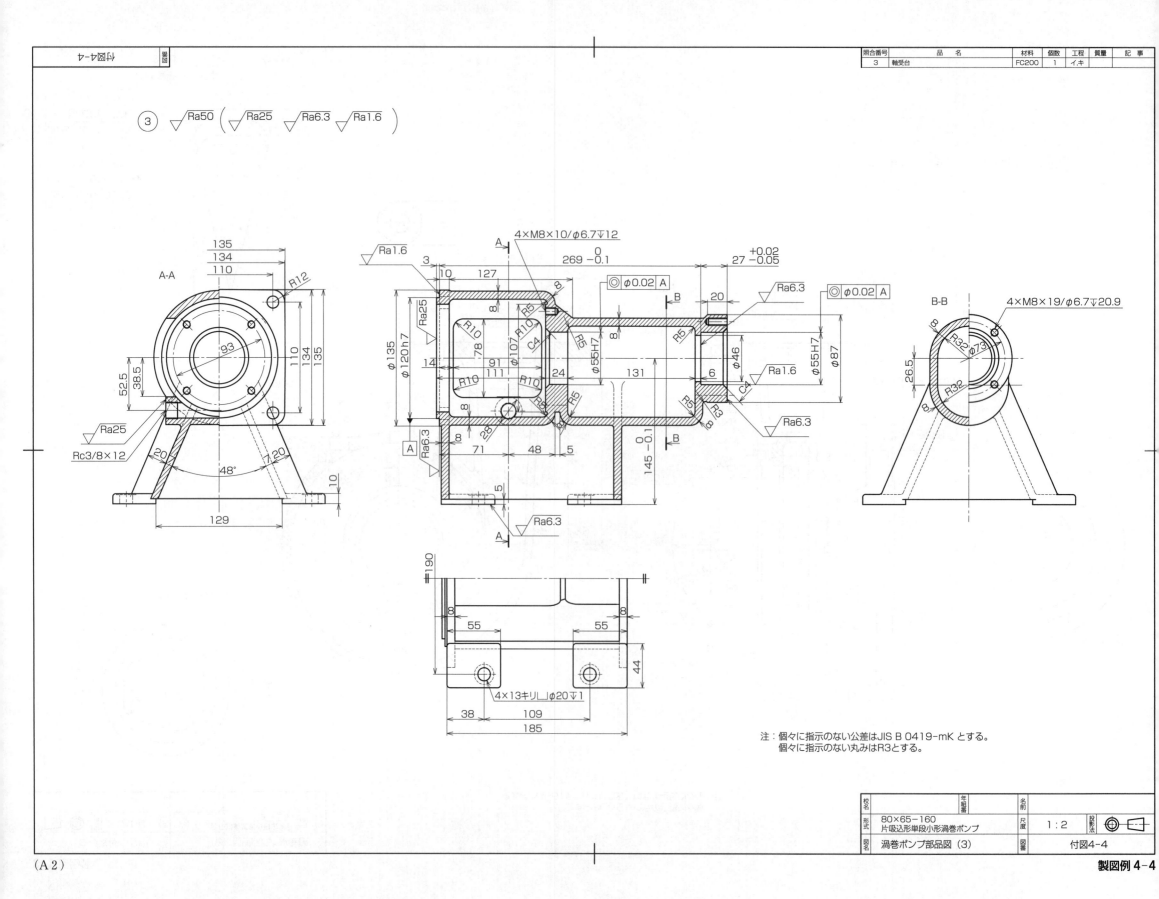

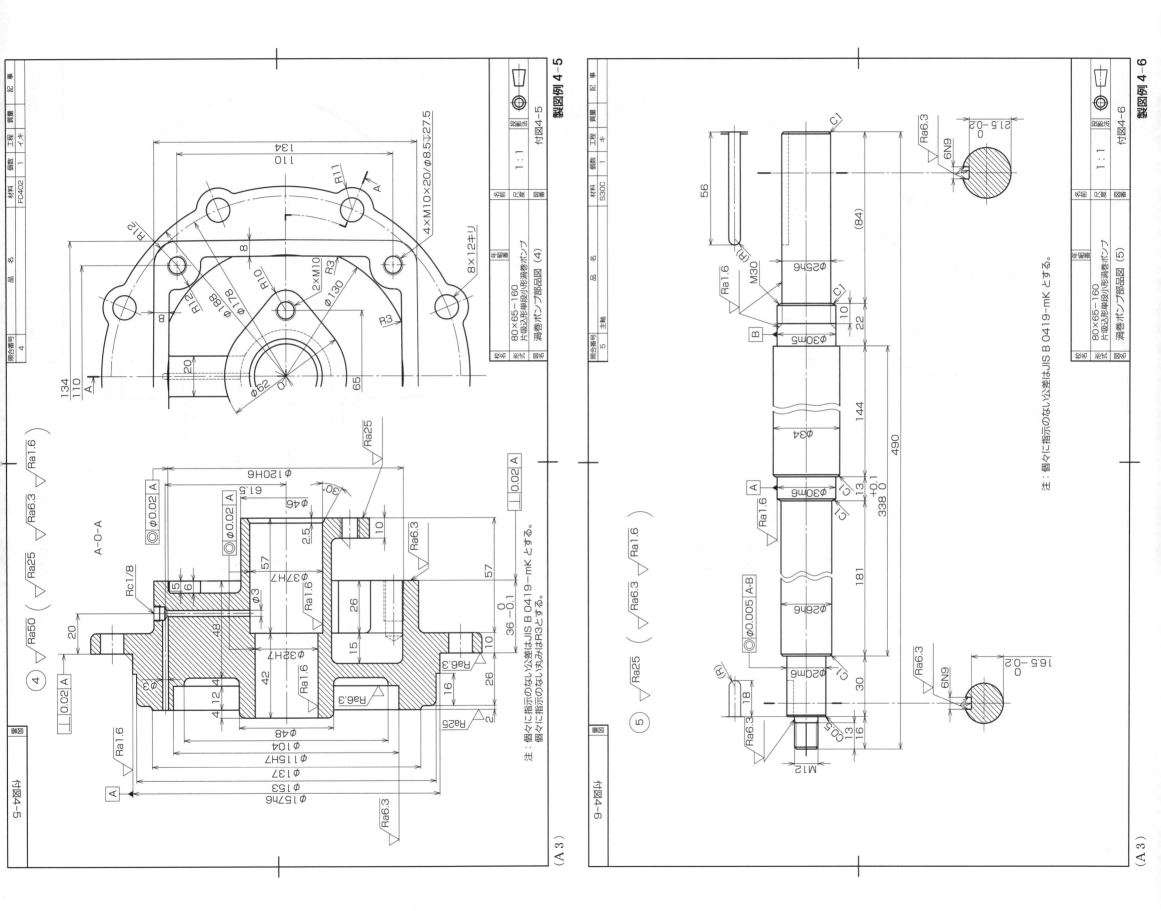

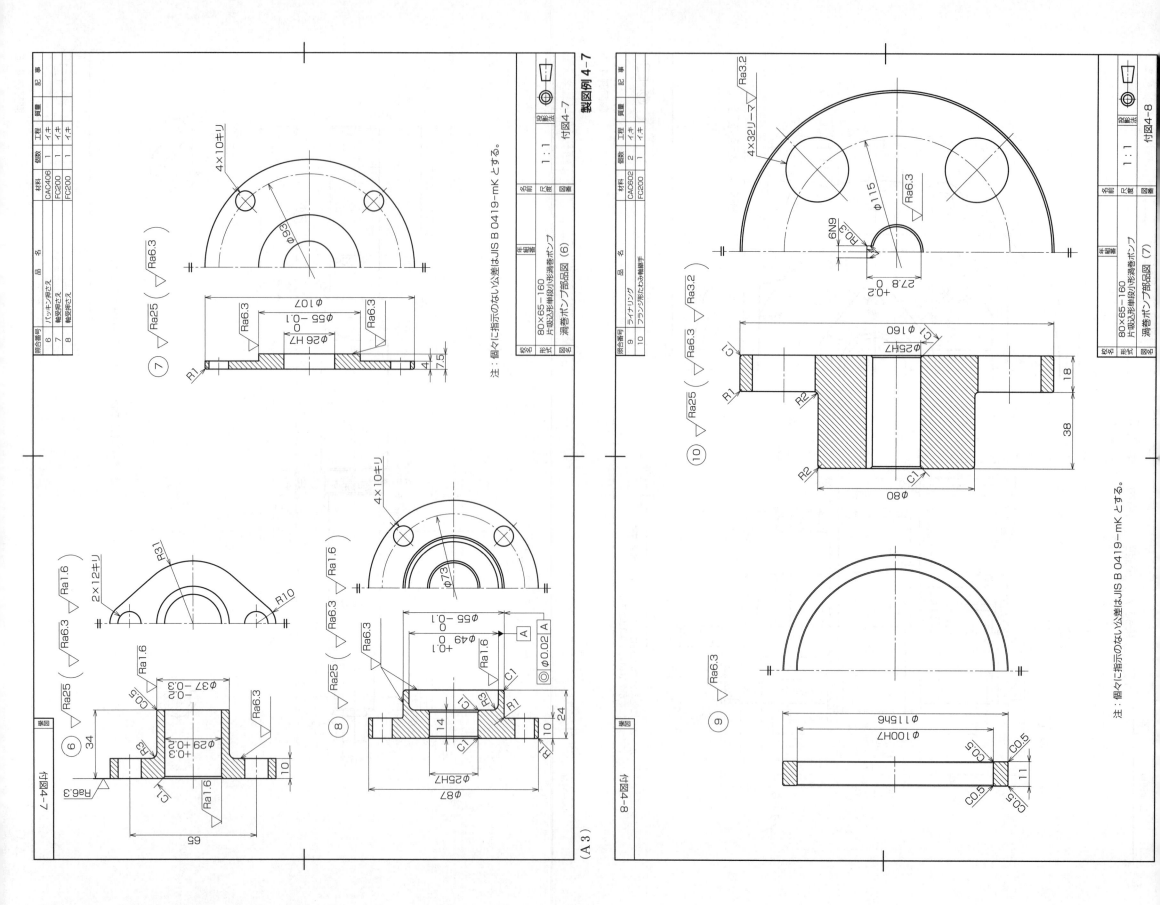

製図例 4-7

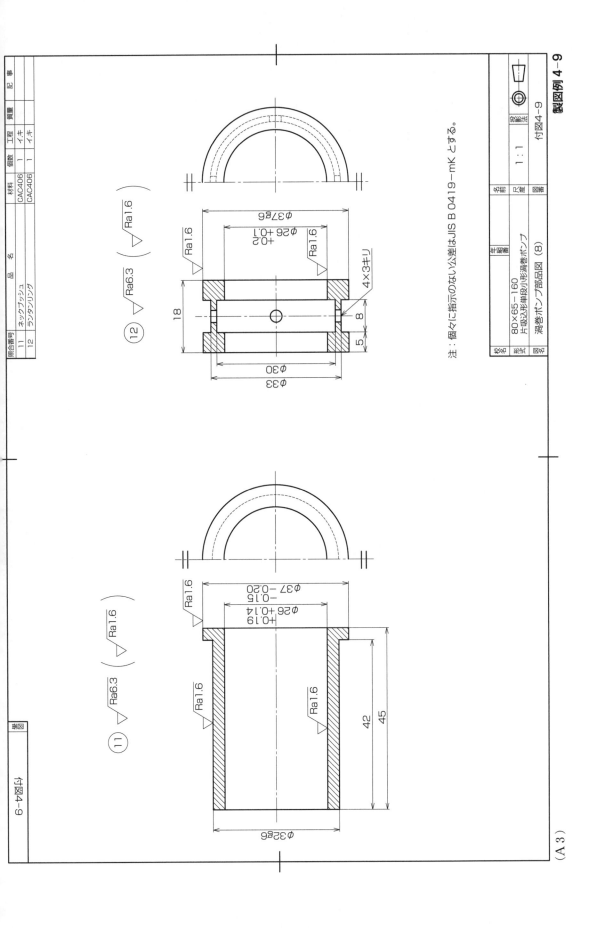

■編修

兼重明宏（かねしげあきひろ）　豊田工業高等専門学校機械工学科教授

西村太志（にしむらふとし）　徳山工業高等専門学校機械電気工学科教授

大原雄児（おおはらゆうじ）　豊田工業高等専門学校機械工学科講師

■執筆

川村淳浩（かわむらあつひろ）　釧路工業高等専門学校創造工学科教授

山田　誠（やまだまこと）　函館工業高等専門学校生産システム工学科教授

大津健史（おおつたけふみ）　大分大学理工学部助教

池田光優（いけだみつまさ）　徳山工業高等専門学校機械電気工学科教授

田中淑晴（たなかとしはる）　豊田工業高等専門学校機械工学科准教授

鬼頭俊介（きとうしゅんすけ）　豊田工業高等専門学校機械工学科教授

松塚直樹（まつづかなおき）　明石工業高等専門学校機械工学科准教授

柳田秀記（やなだひでき）　豊橋技術科学大学機械工学系教授

張間貴史（はりまたかし）　徳山工業高等専門学校機械電気工学科教授

●参考文献（本文中該当箇所に記載があるものは除く）──林洋次他「機械製図」（実教出版），林洋次他「機械設計2」（実教出版），三上勝他「機械製図指導資料」（実教出版），林洋次他「機械製図入門」（実教出版），JIS D 8103-2010，大西清「JISにもとづく機械設計製図便覧」（オーム社），長町拓夫「手巻きウインチ」（コロナ社），大西清「新機械設計製図演習 手巻きウインチ・クレーン」（オーム社），福永圭悟「実務30年の機械設計者による手動ウインチの設計」（パワー社）

●表紙カバーデザイン──㈱エッジ・デザインオフィス
●本文デザイン──難波邦夫
●DTP製作──ニシ工芸株式会社

専門基礎ライブラリー

実例で学ぶ機械設計製図

2019年6月20日　初版第1刷発行
2024年1月20日　　第2刷発行

●著作者　**柳田秀記、兼重明宏、西村太志**（ほか9名）

●発行者　**小田良次**

●印刷所　**大日本印刷株式会社**

無断複写・転載を禁ず

●発行所　**実教出版株式会社**

〒102-8377
東京都千代田区五番町5番地
電話　［営　業］（03）3238-7765
　　　［企画開発］（03）3238-7751
　　　［総　務］（03）3238-7700
http://www.jikkyo.co.jp/

©H.Yanada, A.Kaneshige, F.Nishimura, A.Kawamura, M.Yamada,
T.Otsu, M.Ikeda, T.Tanaka, S.Kito, N.Matsuzuka, T.Harima, Y.Ohara 2019

ISBN　978-4-407-34768-5　C3053

Printed in Japan